名機對決
世界客機經典賽 1

超大型四發機
波音 747
vs
空中巴士 A380
巨型機時代的榮光與終結

人人出版

巨型機在天空飛翔的

時代 *an era of giant aircraft*

Boeing747

Airbus A380

四發機散發出無與倫比的存在感

巨型機的殘影
永不消逝

Akira Fukazawa

CONTENTS

2──刊頭寫真
巨型機在天空飛翔的時代

12──747和A380相繼停產
「巨型機」的功績和航跡

18──[The History of Giant Aircraft 01]
改寫航空常識的巨型機先鋒
巨無霸客機開拓出的地平線

24──細部解說
波音747-8的機械結構

38──生產製造超過半世紀的三代客機
747衍生機型全面解說

58──令人驚訝的「魔改」和多樣化用途
世界各地的變種巨型機

74──182架隸屬過日本的航空公司
波音747全機名冊

96──[The History of Giant Aircraft 02]
突破波音公司獨占的超大型機市場！
世紀巨型機A380的挑戰

102——細部解說
空中巴士A380的機械結構

116——史上最大的客機才有辦法實現
A380的機艙革命

122——持續延伸航程的進化歷史
超大型四發機的性能

127——15家公司合計導入251架飛機
空中巴士A380的營運公司清單

136——攝影過的機體數高達1400架以上
某日本飛機攝手的鐵鳥狩獵記

目錄圖片：深澤 明
封面圖片：umayadonooil RYO.A
封底圖片：A☆50/Akira Igarashi（上）
　　　　　深澤 明（下）

747和A380相繼停產
超大型四發客機的時代走向終結

「巨型機」的功績和航跡

本書所稱的「巨型機」是指超大型四發客機。
波音747自從1960年代末誕生以來，便成為天空的當紅主角。
空中巴士為了打破747築起的壁壘，所開發的雙層客機A380
受到旅客高度評價和支持，成為熱門機型。
但是，這兩架機型卻相繼停產，也沒有後繼機型產生。
這次就來考察隨著1970年代民航業界的發展一同綻放，
但在圍繞著業界變化的大環境中，最後走向終結的「巨型機時代」。

文=阿施光南

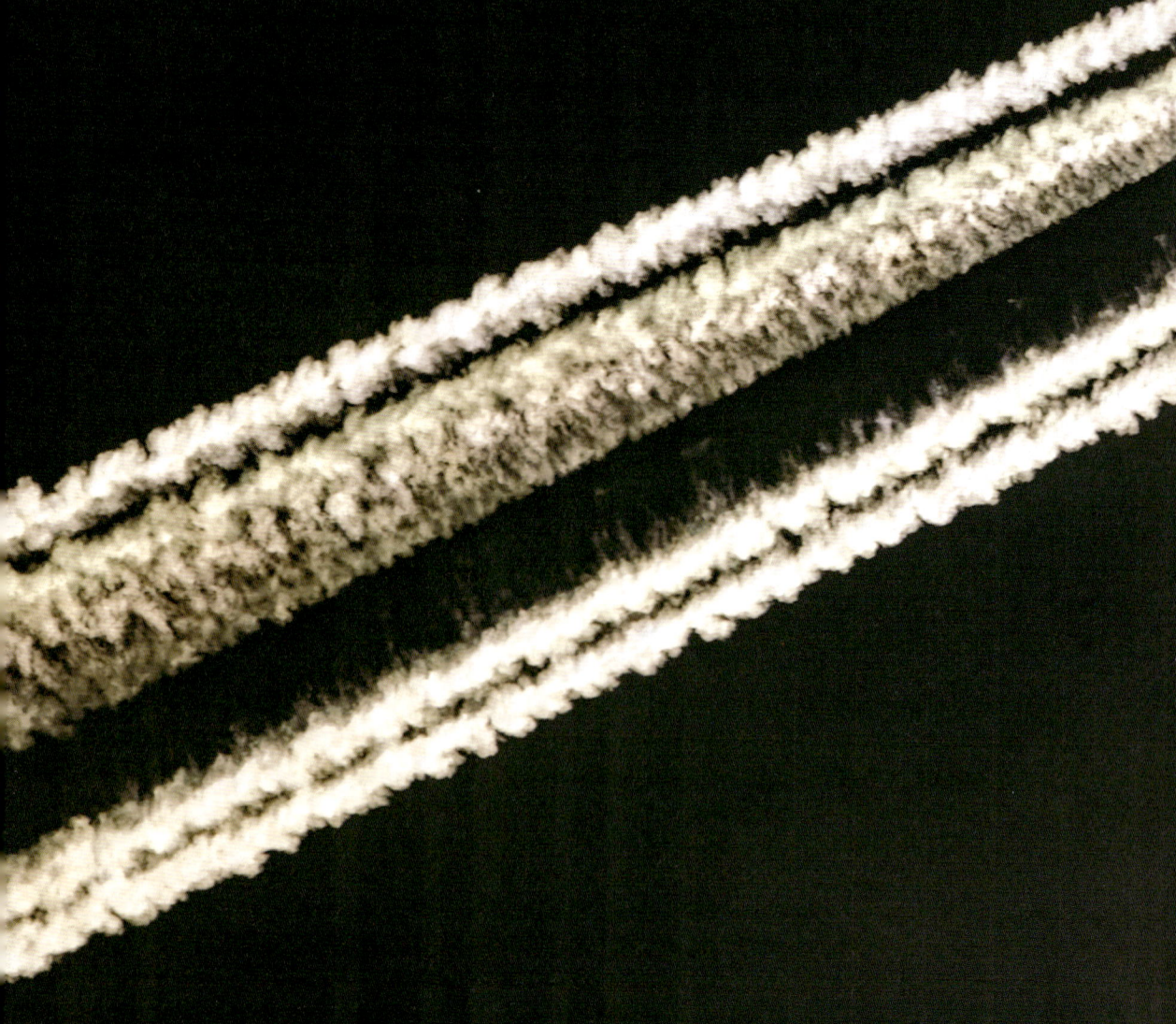

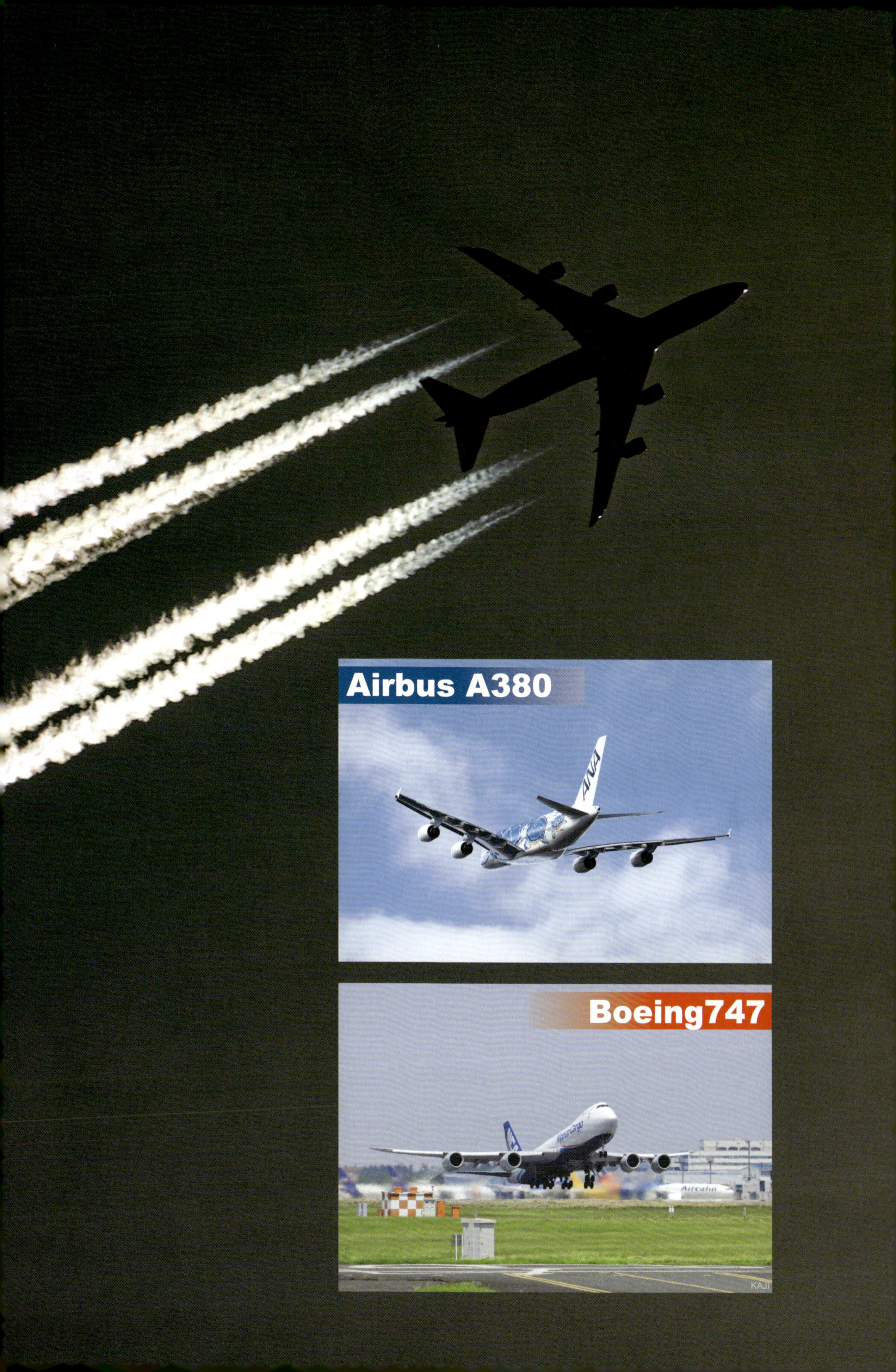
Airbus A380
ANA
Boeing747
KAJI

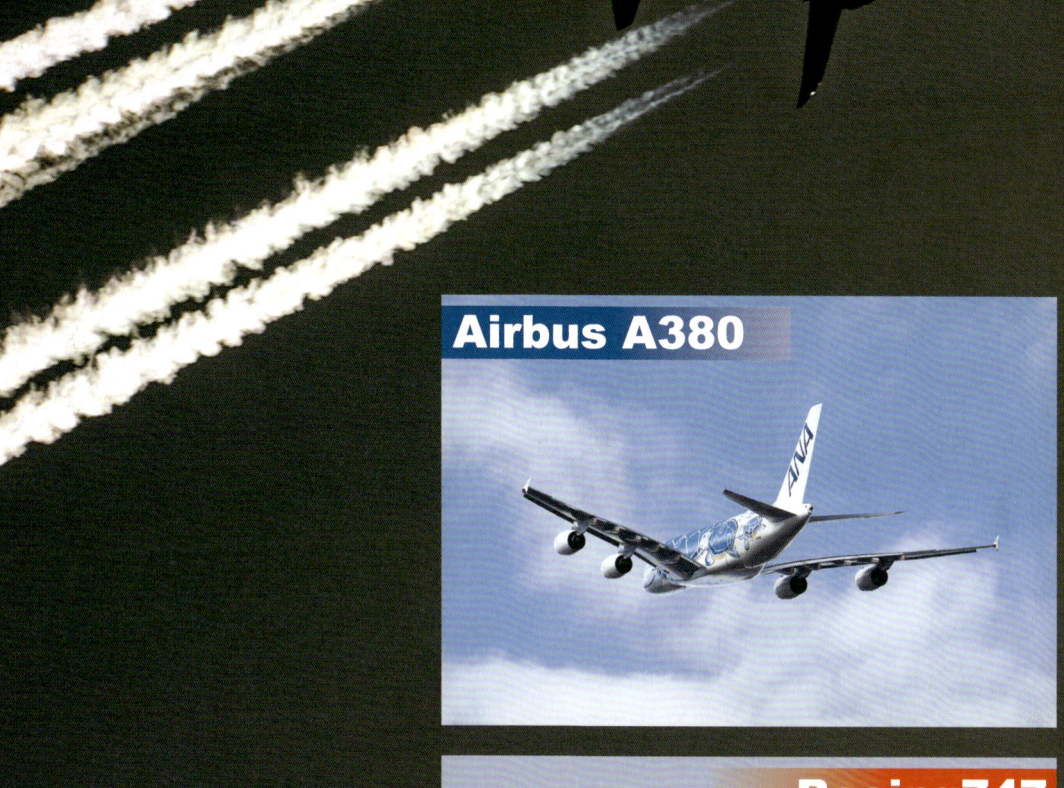

史上最大的客機A380。如果把飛機的長度變成2倍,會因為「平方立方定律」,面積變成4倍,體積變成8倍,這是超大型機開發困難的原因之一。

導致巨型機開發困難的「平方立方定律」

在其所處的時代,體型碩大無朋的飛機稱為巨型機。大型飛機莫名令人感動,但是大部分的巨型機都以失敗告終,因為光是要把巨型機「做大」就非常困難了。在這當中,持續生產的時間超過半世紀以上,且大多數的時間都以天空王者君臨全球的波音747,可以說是稀有的成功案例。之後空中巴士A380正面挑戰波音747,儘管實現了更大的體積和更高的性能,卻沒有辦法取得商業上的成功。這也是開發巨型機的難處之一。

巨型機容易失敗的理由,首先可以舉出的是平方立方定律。這個定律意指如果將長度變成2倍,面積就會是平方,也就是4倍,體積會再變成立方,成為8倍。裡面的空間又塞得非常緊密結實的話,體積換成重量也說得通。實際上飛機的內部幾乎都是空間,重量當然不會變成8倍的立方。但因為裡面要塞進許多人和貨物(若是不塞的話就沒有製造大型機的意義了),終究還是會相對地變重。

所以就算有性能極佳的飛機,也不可能按照等比例放大就做出飛機。長度變成2倍的話,機翼面積會變成平方4倍、重量會變成立方8倍,根本沒辦法正常飛行吧。雖然也可以把機翼擴大,但這麼做一樣會因為平方立方定律而陷入重量的惡性循環裡。再加上不只有機身,平方立方定律也會影響發動機,因為重量增加而只能獲得更小的推力。失敗的巨型機多半是像這樣子變得鈍重且動力不足。

對實現巨型機有高度貢獻的高性能渦扇發動機

波音747當然也有大型機重量增加的問

題。雖然747的基本設計沿襲自707,但是相對於最大起飛重量,操控空重的比率比707還要大。也就是說,這樣一來可以搭載燃油、旅客、貨物的比率就會相對變小。儘管如此,747依舊取得成功的原因,要多虧了比之前更加劃時代且高效率的噴射發動機,也就是配備高旁通比的渦扇發動機。

渦扇發動機和初期的渦噴發動機一樣,不會燃燒所有吸入的空氣,有一部分的空氣只會藉由風扇加速、往後方排出。未燃燒只有加速的空氣與進入核心壓縮燃燒的空氣,兩者的比率稱為旁通比(bypass-ratio),一般來說,這個數值越大,代表效率越好。747以前的小型機所配備的代表性渦扇發動機JT8D,旁通比只有1:1,到了747搭載的JT9D則超過了5:1,效率大幅提升,所以747上每一個座位的油耗量比起小型機還要少。

JAL的747 Classic所配備的JT9D發動機。747獲得成功的理由之一就是因為高旁通比渦扇發動機的登場。

747的開發成為一場豪賭
結果因沒有對手而獨領風騷

747成功的另一個理由,是因為沒有競爭對手。大型機開發本身就困難且需要挹注龐大的費用,加上原本的工廠過小,波音公司不得不建設新的工廠,這也是一筆鉅額。到了這個地步,製造出來的747又被人說「太大了」,也不清楚能否賣得出去,而且競爭廠商都還在做比較小一點的三發和雙發廣體客機。實際上747在啟航後,全世界馬上就遭遇到了石油危機,航空需求低迷。對於購入747的航空公司來說,這麼大的飛機就顯得有點累贅了。

但是當景氣復甦、航空需求提升後,沒有競爭對手的747就在大型機的市場獨霸一方。因為機場的量能趕不上航空需求的增加,只好讓航班增加每次運輸的座位數,沒有對手可以匹敵747的客機,也就沒有其他選擇。晚了一步的其他公司就算想要抗衡,但大型機的開發成本依舊沒有變少,就算有辦法成功開發,但比起已經量產的747來說,售價一定會更加高昂。若沒有特別出色的地方就沒有勝算,但波音也不斷在推出747改良機型,想追也追不上。747的缺點是基於石油危機前的1960年代技術和想法(比起經濟實惠更重視速度),吃油跟喝水一樣。但在1980年代,因應電子數位技術發展,製造出大幅改善油耗,兩人就可操作的747-400。其他飛機製造商想要全新開發出超越747的客

因為沒有競爭對手而壟斷超大型機市場的747。雖然超大型四發機現今數量不多,但在15年之前,還是充塞羽田和成田等各大機場的常客。

A380的雙層客艙最多可以設置800個座位。但導入的航空公司大多增加頭等艙和商務艙的座位，採用最多500左右的客艙設計。

具自信。雖然開發過程一樣很辛苦，但是完成的A380無論是在大小、性能、經濟性和舒適度等各方面，都成為凌駕747的客機。

雖然最大座位數超過800席，但幾乎所有的航空公司都只採用500席左右的寬敞設計，主張打造一趟優雅的空中之旅。經濟效益也很高，每個座位的飛航成本比起747要低了20％以上。當然這個數值是以滿席為前提，如果沒辦法坐滿，那就只是淪為畫大餅罷了。然而A380受到乘客的喜愛，留下極高載客率的紀錄。

舉例來說，澳洲航空讓A380啟航雪梨—洛杉磯，波音747-400也有飛同一條航線，結果在飛航的第一年，A380的載客率就比747多了3～4％。澳洲航空在這條航線設定的機票費比其他對手還要高，儘管如此還是留下了比競爭對手更高的載客率紀錄。新加坡航空在成田線投入A380的第一年間，總旅客量增加約7％，其他4間競爭對手的總旅客數都下降了2～3％。另外新加坡航空也在香港線投入A380，打敗了原本以這條航線最大市占率為傲的國泰航空。

挑戰王者747的空中巴士A380
受到旅客好評

就算如此還是敢於挑戰開發巨型機的公司就是空中巴士。儘管747-400的確是出色的客機，但是基本設計偏老舊。再者對空中巴士來說，以前也有利用搭載新技術的A320來突破主導市場的波音737、道格拉斯DC-9的實際成果，頗

機變得更加困難，使得747的銷售量又更為提升了。

無法抵抗重視經濟性的趨勢
四發機終究停產

儘管有上述各家航空公司的優良成績，空中巴士還是在煩惱A380的銷

受到旅客高度評價的A380。以澳洲航空的情況來說，雪梨—洛杉磯航線的載客率比747要提升了3～4％，效果顯著。

「巨型機」的功績和航跡

因為巨大的機身和重量,在機場內可以利用的跑道、滑行道、停機坪等等都受到限制的A380。可供容身的機場極為有限,這也是對A380的銷售帶來惡劣影響的一個主因。

量,理由雖然很多,但首先的問題就是太大了。雖然波音747同樣被詬病太過龐大,但長久以來作為君臨天空的王者,全世界的主要機場都以747作為設計基準,所以比747更大的A380在跑道、滑行道、停機坪的利用上就受到了限制。

最重要的是,經濟性更高的雙發機崛起可以說是關鍵性的因素。A380最大的問題如果只是太大的話,小一號的747應該還可以賣得動,但是波音公司開發的最新型747-8比A380更慘。在此之前,雙發機在只用單發動機飛行時有很大的限制,但隨著信賴度的提升,也開始可以飛行長程航線。絕對優勢的經濟效益讓四發機成了過時的產物,因此空中巴士在2021年停止生產A380,波音也在2022年停產747。

考量到A380對機場來說,機身都過於龐大的話,此後若還想要開發更大的大型客機,可能性就更渺茫了。雖然令人感到落寞,但好在現今還有機會搭乘這兩種客機,在將來可能會變成令人懷念的「過去的美好時代」,目前都還可以體驗。

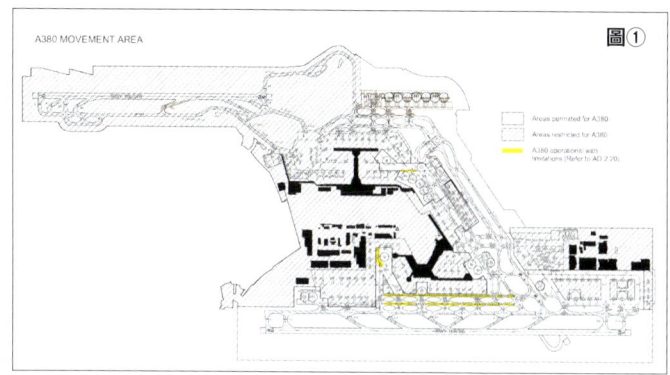

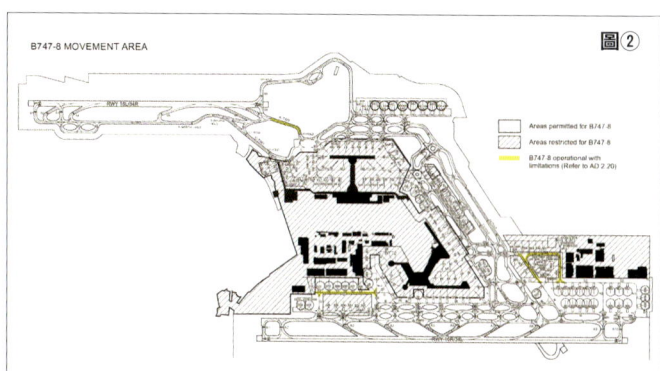

表示成田機場中A380可以移動的範圍(白色部分)平面圖(圖①)。現在只能在A跑道起降,在地上滑行的滑行道和停機坪也受到限制。有著747系列史上最大機身尺寸的747-8雖然也被設置了限制區,但至少還可以使用B跑道,移動範圍比A380更廣(圖②)。

同樣是波音公司的新銳機型,但是比起在銷售面苦戰、早早就停產的747-8,搭載高效率雙發動機的787卻持續增加。因為環保問題常常受到批判的航空業界,立即轉向了油耗性能更好的雙發機。

17

THE HISTORY OF GIANT AIRCRAFT 01

改寫航空常識的巨型機先鋒
巨無霸客機開拓出的地平線

1960年代後期開發的波音747，通稱「巨無霸客機」（Jumbo Jet）。
當時雖然已經進入噴射客機的時代，但無人能出其右的大型運輸能力，
讓海外旅行變得大眾化，可說是747最大的功績。
在與最終出現的對手A380進行激烈交鋒之前，
超大型四發機就已經邁向終點，
但在航空史上留下燦爛光輝的波音747，今後也絕對不會褪色。

文=内藤雷太　圖=波音公司、英國航空、A☆50/Akira Igarashi

從郵輪上的閒聊開始的巨型機開發計畫

很少人不知道波音747，就算一時想不起機型名稱叫做747，只要說「巨無霸客機」，就算是小孩子也會想到那個又大又圓的巨大身軀。從對航空技術、社會、經濟的影響到商業上的成功程度，應該不會有人對這架飛機稱為歷史名機有異議吧？改變整個時代，乃至推出到現在歷經半世紀以上都還在服役的祕密是什麼？一切都有賴於波瀾壯闊的時代、幾個偶然，還有毫不猶豫抓住機會將其實體化的設計者薩特（Joe Sutter，1921～2016）所率領的波音開發團隊的努力。

所有的一切源起於1965年的夏天。當時最大的航空公司泛美航空的會長特里普（Juan Trippe，1899～1981）和時任波音社長的友人艾倫（William Allen，1900～1985）在普吉特海灣（Puget Sound）享受郵輪旅遊。旅途中，特里普說出自己的想法：「如果有乘客數400人以上的飛機，我馬上就買，泛美航空的話一定可以坐滿。」艾倫回答：「你要買的話，波音就來做吧。」特里普答應道：「你做出來的話我就買。」這就是747歷史的起點。

特里普是白手起家打造出泛美航空帝國的非凡實業家，以卓越慧眼看出波音賭上公司命運開發707的原型機－367-80的資質，為開啟噴射客機時代的傳說人物。艾倫獲得特里普的首肯，馬上著手進行。

當時國際線的主力機型707和對手的道格拉斯DC-8座位數，只接近200席。而特里普一下子就要求兩倍以上的數量，令人難以置信，波音公司的管理階層都在懷疑自己是不是聽錯了。但特里普非常認真，想要的還是令人衝擊的全雙層機艙巨型機，並且說「1969年中就要」。交機期限只有一般飛機2/3的開發時間，這樣天大的機運和難度讓波音高層抱頭煩惱，但沒有拒絕的餘地，直接開始建立開發團隊。任命日後稱為「波音747之父」的薩特，擔任專案最重要的開發組長。薩特在367-80、707、

727、737等飛機的開發中累積了資歷，是一位文靜但優秀的工程師。時年44歲的薩特第一次被賦予屬於自己的專案，下定決心要打造出理想的客機。但747其實不是波音當時最重視的候補機型。

客機的指定接班是SST
看準747貨機功能的先見之明

當時受到噴射客機出現和景氣旺盛的牽引，美國航空運輸市場急遽成長，707和DC-8的旅客運輸能力和機場的處理能力已經達到飽和狀態。航空公司都在追求更大的噴射客機，廣體客機雖然可以作為國內線使用，但任何人都認為高速且可以提升運航頻率的超音速客機（SST），才是長程國際線的主流。因此歐洲有英法共同開發的協和號客機（Concorde），蘇聯有圖波列夫（Tupolev）開發的Tu-144。為了追趕這些國家，美國將SST開發專案作為國家計畫加速進行，而波音名列主要開發成員。旗下機型波音2707是預計具備3馬赫的高速性能，將近300席載客量的大型SST；從泛美航空為首，日本航空、漢莎航空、布蘭尼夫國際航空公司等各國共計26家航空公司，已經先預購了共122架的受矚目新機。

波音公司內部也以SST為優先，將優秀的年輕工程師和公司資源都投入研發SST。再加上當時銷量極佳的727衍生機型與新型小型客機737的開發，以及阿波羅計畫要用的農神五號火箭第一節的開發等等，擠滿了許多重要專案。最後出現的747沒有受到太大的關注，任命到充滿幹勁的薩特底下的工作人員都是些年紀比他大、沒有受到SST和其他

在747的發表典禮（1968年）上留影的波音公司艾倫社長（左）和泛美航空的特里普會長（右）。隔年首航的首架747在同年底正式交付給泛美航空。

社內重要計畫所招募的工程師，完全沒有受到關注。一言以蔽之，任命薩特開發的巨型客機是拿來填補SST登場前的空窗期，波音高層甚至想過賣400架左右就可以停產了。但是SST的夢想與現實有很大的差距。1960年代後期到1970年代初期，地球的環保問題受到全世界極大關注，大量廢氣和音爆對環境造成的破壞突然對SST吹起逆風，石油危機成為壓倒駱駝的最後一根稻草。油耗表現惡劣的SST已經無法被全球接受，本來的當紅主角就這樣瞬間被遺忘，這個時期的每個航空業者都急速地傾向重視經濟性能。

SST和747的關係還有一點非常重要。因為SST的存在，薩特預想到客機型747有可能會很短命，便想到可將客機改裝成貨機的做法。這樣一來可以銷售客機和貨機兩種機型，也能將除役的客機改裝成貨機繼續飛行。多虧了這個設計，747作為貨機也有了極大的成功，可說是先見之明。

和747同在1969年第一次飛航的協和號噴射客機。當時超音速噴射客機被認為是將來航空運輸的主力，747也因為設計成客貨機通用而保留了下來。

陸續導入革新的技術
以較短的開發期間登場

話題回到1965年吧。正好在747開發團隊剛成立的那個時候，波音公司的軍事部門還有一個非常大的專案，那就是「貨運實驗重型後勤系統」（Cargo Experimental-Heavy Logistics System，CX-HLS）計畫，也就是日後催生出C-5A銀河運輸機的提案。但是在1965年9月為CX-HLS計畫選擇執行業者時，波音輸給了洛克希德。

這時波音所繪製的CX-HLS專案設計圖除了主翼的安裝位置以外，其他都和747很像，不難想像薩特認為儘管在CX-HLS專案失敗了，波音的設計對於開發747還是有很大的幫助。尤其是及早獲得為了CX-HLS專案所開發的新技術－高輸出功率、高旁通比的渦扇發動機，和發動機廠商打好關係就顯得非常

重要。正因為有了高輸出功率、高旁通比的渦扇發動機，才讓超大型運輸機的開發技術有了突破性的進展。

在這個時空背景下開始的747設計作業，馬上就面臨了大難題。團隊先從707那種機身上下相疊的雙層機艙設計開始，但這和薩特的貨機構想並不相容。雙層機艙的設計無法將貨物放入上層機艙，一般的機場也無法運用，而且上層機艙還有難以緊急逃生的問題。薩特深思熟慮後，背著泛美航空下了重大決定，決定將機身變更成超廣體單層機艙構造。這就是改變日後客機歷史的嶄新巧思誕生的瞬間。並為了貨機用途，讓機身可以加裝把機鼻完全開啟的貨艙門，並且將礙事的駕駛艙移到機鼻上方，極具特徵的747機鼻外型輪廓因而誕生。

為了讓特里普認同南轅北轍的設計變更，設計團隊還動了點小巧思，分別打造雙層機艙和6.1公尺廣體單層機艙的實體模型，請特里普來實際體驗廣大的空間感。這招十分成功，波音於1966年4月終於和泛美航空成功簽約。泛美航空作為啟動客戶，以5億2千5百萬美元的金額正式訂購25架飛機，此計畫終於起步了。

泛美航空大量下訂的新聞給業界帶來巨大衝擊。航空業相關人士在對如此龐大的機身抱持疑問的同時，和泛美航空競爭的西北航空、環球航空、日本航空、英國海外航空等各國主要航空公司，都爭先恐後地訂購747，747計畫突然吸引了全球的目光。

另一方面，雖然有著如此大型的專案，波音公司還是陷入嚴重的財務困

巨無霸客機開拓出的地平線

難。作為主角的SST直接面臨重大的技術問題而陷入泥沼，727-200和737才終於開始生產，等到回收利潤還要一陣子。而且與國家合作的阿波羅計畫又因為發生太空人殉職的重大事故而凍結開發，導致波音的收入中斷。

在這當中，各家航空公司紛至沓來的訂單，兩年後一定可以開始回收資金的747突然成了救世主。不單只有迫在眉睫的交機期限，公司內部多餘的干預所帶來的壓力也在不斷攀升中，設計團隊假日加班埋首於開發作業。但史無前例的巨型機開發，還是有著堆積如山的待解難題。

747實現了許多技術性的突破，名列第一的就是上文提及的高旁通比渦扇發動機。當時標準的低旁通比渦扇發動機JT3D最大推力只有9.5噸，想讓全長70.6公尺、全寬59.6公尺、最大起飛重量336噸的747巨大身軀離開地面，動力完全不足。於是波音和普惠發動機公司（Pratt & Whitney）聯手，將之前為了CX-HLS專案試作的高旁通比渦扇發動機，轉開發成747的專用發動機。完成後的JT9D-1最大推力為18.6噸，輸出功率有飛躍性的提升。而降低噪音和提升油耗表現，也是747能提升續航性能的決定性要素。

和發動機輸出功率一樣對巨型機非常重要的就是巨大的主翼。因為泛美航空期望747作為巨型機的同時，也把比當時噴射客機平均速度還要快的0.85馬赫為目標。為此將主翼的後掠角度加大到37.5度以增加速度，但同時又為了大重量的貨機可以安全著陸，也需要穩定的低速性能。想解決這個問題可以活用727和737的經驗，後緣採用三縫襟翼（triple slotted flap），搭配前緣的克魯格襟翼（Krueger flap），巧妙地成功兼顧高速性能與低速性能。

除了這兩點以外，747也是最早搭載軍用及太空技術衍生出來的三模組冗餘（triple modular redundancy）類比電腦，來運算慣性導航系統的民用客機。龐大的機身帶來6.1公尺寬的寬闊客艙空間，配置了雙走道、區隔空間的廚房、廁所，還有大型的附門艙頂置物櫃等等，747上塞滿了許多新穎設計。另外，將駕駛艙後面的空間作為上層客艙，各航空公司都在這裡配置了風格洗鍊的交誼廳。再搭配空間開放的下層客艙，強調747的未來感，大大吸引了人們的目光。

波音公司就在舉世注目之下，交機期限緊迫的開發現場因加速作業忙得焦頭爛額。1968年9月30日，747的1號機終

當初所有航空相關業者都擔心747的機身太大，但豪華的內裝和舒適的機內空間受到旅客的好評，迅速成為熱門機型。

21

因747 Classic取得成功的波音推出滿載先進技術,只靠兩位機師就可以飛航的747-400,在超大型機的市場中建構出有如磐石般堅固的體制。

於在埃弗里特(Everett)工廠亮相。埃弗里特工廠是這架超乎規格的巨型機專用的組裝工廠,也是波音公司打造的全世界最大的工廠。招待各界知名人士參加華麗的發表典禮,帶來絕大的宣傳效果,747的確是受到了全世界的關注,但其實此時1號機還未完成,處於不能飛行的狀態。在期限不斷進逼的情況下,工人也拚命地進行組裝作業。1969年2月9日,747終於成功地進行第一次飛行。距離公布專案至今,僅僅只有2年10個月,開發速度快得令人驚訝,但距離交機給泛美航空的期限已經剩下不到一年了。

時序來到即將截止的1969年12月30日。歷經了長時間且嚴苛的型號認證檢驗後,747終於取得美國聯邦航空總署(Federal Aviation Administration,FAA)的認證,可以大方的將飛機交付給航空公司。在交機的隔年年初,1970年1月21日華麗地啟航紐約-倫敦航線,開啟747連續運航50年以上的歷史。

儘管有著眾多衍生型及改良型
超大型機的時代依舊邁向終點

名稱為747-100的初期型747以交付給泛美航空為開端,陸陸續續交機各大航空公司,開始活躍於全世界的國際航線,其巨大的外形和寬廣豪華的內裝躍升媒體寵兒。名氣不僅限於航空業界,也擴大成為社會的流行現象。確立了巨無霸客機的暱稱,成為象徵憧憬天空之旅的指標。

於是波音在這優異的銷售表現下,致力於改良747和推出衍生機型。其實747在開發的時候還有過重和發動機輸出功率不足的問題,解決之後推出的就是747-200B。-200B是將-100的JT9D發動機換成更強勁的JT9D-7A,並且強化了機身構造、追加油箱的性能提升款,是稱為747 Classic的第一代747之中的代表作。

另外,薩特慧眼獨具的貨機型計畫也開始展開,以747-200F之名登場。業界對有巨大搭載量的747需求攀升,747作為貨機也成為最佳暢銷機型。再加上為了因應日本旅客數眾多,但機場設備貧乏,無法在短距離內增加飛行次數的特殊狀況,接二連三地推出747SR(Short Range)和縮短-100的機身長度,降低重量和空氣阻力,延長航程的747SP(Special Performance)等衍生機型。這些都算是747 Classic系列,而此系列的最後機型是具備加長型上層機艙(Stretched Upper Deck,SUD)的747-300。雖然做法是將-200B的上層機艙加長,增加座位數量,但是向後延伸的上層機艙改善了空氣動力性能,儘管重量增加了,但是速度和航程還是有所提升。

高科技巨無霸客機的第二代-747-400於1989年登場,是將推出後經過20

巨無霸客機開拓出的地平線

年、設計已經趨於老舊的747 Classic，用最新科技進行現代化的機型。運用高科技飛機767的技術進行數位化，也是同級距第一架廢除飛航工程師，只靠雙人機師就能駕馭的飛機。沿用-300的加長型上層機艙SUD、延長主翼、尾端增設小翼等等來改善空氣動力性能，發動機也換上了奇異（General Electric）、普惠和勞斯萊斯（Rolls-Royce）的最新款式，大幅提升性能，成為747系列最大的熱銷機型。

747就這樣從1970年以來持續作為最暢銷機型，但是到了2005年，波音發表本系列的最後機型－747-8。

747雖然自登場以來長年沒有競爭機型出現，持續壟斷超大型機市場，但空中巴士發表要開發先進的競爭機型A380，讓波音站在公司未來的分岔點上。用747對抗全為最新科技的A380，基本上落於下風。波音認為市場傾向雙發動機廣體飛機而改變營業戰略，以開發787為主軸，放棄747的超大型機市場。但看到市場對A380的反應，又收到許多787的預購訂單，波音再次把運用了787的技術並重新現代化的747-8投入市場。

遺憾的是747無法再回到過去的榮景。客機型747-8I和貨機型747-8F的市場反應都很冷淡，訂購數遲遲無法拉升。波音公司最終放棄，於COVID-19疫情最為肆虐的2020年7月，發表747-8將會在2022年之後停產。最後一架747-8於2023年1月31日交付亞特拉斯航空，這架名機的生產走向終點。系列總生產數量為1574架，製造期間從1967年第一架開始算起，為期56年，可以說是前所未有的豐功偉業。最大競爭對手A380已經停產，巨型機的時代應該是一去不復返了，但747還是會繼續活躍下去。最後一架747-8離退役還有很久，這架歷史名機的活躍還沒有走到終點。

2023年1月31日交付亞特拉斯航空的747-8F。這就是747系列最後一架飛機，747半世紀以上的製造歷史落下帷幕。

23

飛機構型 Aircraft configurations

747的外觀大致上可以分為基礎版本的747-100／-200（外觀一樣），和延長上層機艙的747-300（到此為止稱作為747 Classic），與延長主翼的747-400，還有加長機身，重新設計主翼的747-8。性能雖然大幅提升，但不管哪一架在外觀上都有一眼就能看出是「巨無霸客機」的辨識特徵。

細部解說
波音747-8 的機械結構

圖·文＝阿施光南（特記以外）

初期型的三人乘務機「747 Classic」獲得大成功後，波音747不斷進化，推出稱為高科技飛機的雙人乘務機「-400」的747-400，然後再推出滿載最新技術的「-8」（747-8）。
最新款的747-8則以貨機為主，被各大航空公司導入。
到空中巴士A380登場為止的三十幾年間，747是事實上唯一君臨天空的超大型機。本章就來關注並解說747的特徵和三代進化過程、各型號的差異。

■ 747-8（第三代）

■ 747初期型（第一代）

■ 747-300（上層機艙延長初期型）

■ 747-400（第二代）

開發理念
投入新技術&維持與舊款的共通性

　　波音747-8是747家族最後的機型。原本從100陸續進化成400的型號突然變成8，是表示747-8採用了許多為787而開發的技術打造而成。目標是實現比747-400更大、更加經濟實惠的客機，同時又能和747-400一樣方便好用。

　　在採訪開發過程時，波音再三提及德國名車保時捷911，自從1960年代登場以來，雖然基本設計沿襲舊款，但卻不知懈怠地不斷改良，才能引領世界超跑的潮流。747-8也一樣，繼承747傳統的同時，一邊以新的技術繼續擔任全世界飛機的領頭羊。

　　實際上客機和舊款的共通性比汽車還要重要，因為機師和技師需要每個機型的飛行執照和保養資格，必須花費大量時間和金錢在訓練上。但是，如果可以

機身 Fuselage

■747-8F

■747-400F

和747-400比起來，可以看出747-8在主翼前方的機身更長。若加長後方機身，機頭在起飛著陸時上升的角度會變小，所以進場時的俯仰角也比747-400小1度。

用747-400的執照（因為已經有許多機師和技師）來駕駛747-8的話，對航空公司想要導入的負擔也會變小，在銷售上是一大優點。

機體尺寸和材質
第一次延伸機身長度的747-8

747-8是747家族第一架加長機身，有新開發主翼的機型。機身加長雖然大幅改變了印象，但主要是延長主翼前方的長度。具體來說，總共延長的5.6公尺當中，主翼前方的機身伸長了4.1公尺、後方則是1.5公尺。為了抗衡A380，雖然想增加座位數，但由於起落架的長度沒有變化，如果主翼後方的機身太長，在機鼻向上起飛和降落時，後段機身會容易摩擦到地面。不過話說回來，飛機是很講究平衡的載具，想要加長主翼前方的機身，終究還是有其極限。因此在可以保持平衡的範圍內，盡

波音747-8的機械結構

■ 機鼻貨艙門

747貨機的特徵就是機鼻貨艙門。使用電動馬達開閤,旋轉左右兩個用撓性軸連接的滾珠螺桿。艙門利用開口部周圍裝設的16個門扣和下方的扣鎖來固定,打開時要先解鎖才能開啟。

■ 側邊貨艙門

機鼻貨艙門因為受到上層機艙影響,貨物高度有限制,所以在機身左後方設置了側邊貨艙門,通常以這裡為主。側邊貨艙門的尺寸為高304公分×寬340公分,可以將貨物塞到幾乎頂到天花板。

可能地延長前段機身,結果就是給人「機首又細又長」的印象了。

主翼也是新設計的東西。斷面捨棄747-400上設計簡單的小翼,變成在高速飛行時阻力較小的超臨界翼形,翼展也從64.4公尺擴大到68.5公尺。雖然比起A380(79.8公尺)要小很多,但這樣在機場內可以使用的滑行道、停機坪限制較少。「不會過大」這點也是747-8的賣點之一。

當然,機身和主翼延長後,整架飛機就要承受更多的貨物和重量。如果機體重量增加就會導致性能下滑,所以747-8使用為777開發的新鋁合金(2524-T3。俗稱777合金)來抑制重量。如果使用787的複合材料應該還可以更輕量化,但也會因此大幅提升開發時間和成本,增加失敗的風險。為了縮短與先開發的A380的差距,波音採取了穩健的手法。

機翼 Wings

■ **747-8的主翼**

747-8的主翼是新的設計。捨棄747-400原有的小翼,不單只延伸了翼端,包含機翼形狀也全部翻新。但另一方面在後掠角以及外側發動機到外翼部分的攻角,卻沿襲了原本的設計,避免因為操控性大幅改變而無法使用同樣的飛行執照進行駕馭。

■ **747 Classic的主翼**

747主翼的後掠角為37.5度,在次音速噴射客機中也算是較大的角度。這是因為在開發747的1960年代後期,較為重視飛機的速度。但是747啟航後,馬上碰到石油危機導致油價飆漲,之後的客機都為了重視經濟性而配有後掠角較小的主翼。

■ **前緣襟翼**

前緣採用和747-400一樣的克魯格襟翼和可變弧襟翼。著陸時為避免因為強烈的逆噴射而受損,輪胎接地後會暫時收進主翼裡。

順帶一提,之後開發的777X的主翼就用複合材料製成。為了製造新的主翼,波音又不得不建設新的工廠了。

機翼和高升力裝置
和-400同等的低速性能

波音將747-8主翼的襟翼簡化得以實現輕量化。至今為止747的主翼後緣採用的是複雜的三縫襟翼,但是747-8內側換成雙縫襟翼,外側則換上了單縫襟翼。層數越少的話,構造當然越簡單,也能降低重量和保養的手續。主翼前緣

28

波音747-8的機械結構

■ 747-400F

■ 747-8F

■ 後緣襟翼

747-8隨著主翼設計改動，滾轉控制也變成了電傳飛操系統。後緣襟翼內側從三縫變成雙縫，外側從雙縫襟翼變成單縫襟翼，設計更簡潔。光是採用這種構造就能簡單地減少重量，降低襟翼產生的噪音。

■ 尾翼

747-8的尾翼沒有太大的變更，但是方向舵分割成上下兩段式，下方向舵變成雙鉸鍊的形式（下方照片）。這是為了當強力的發動機故障時，可以彌補左右的不平衡。

雖然和以前一樣裝備克魯格襟翼，但是襟翼和主翼本體間採用縫翼的設計，可以獲得更大的升力係數。

一般來說，機體越重，失速速率也越快，但747-8藉由這些高升力裝置，實現和747-400一樣的低速性能。這樣一來不僅能利用和747-400同樣規模的跑道來起飛著陸，也獲認可用747-400的飛行執照進行操縱。雖然747-8的駕駛艙和747-400幾乎一樣，但如果起飛著陸的速度等性能規格有很大差異時，很有可能不允許使用同一張飛行執照。

另外，747-8的滾轉控制系統部份導入了747家族第一架以電腦介入的電傳飛操系統（fly-by-wire，FBW）。747家族在滾轉控制時，有全速域下可使用的內側副翼和只能在低速時使用的外側副翼，然後再根據擾流片的左右差動來進行，這時的外側副翼和擾流片，就變成以電傳飛操系統進行控制。

尾翼周圍的設計雖然基本上和747-400一樣，但差別在方向舵分割成上下兩部分，其中下方向舵變成兩段式（雙鉸鍊式），還廢除了貨機型747-8F水平尾翼內的油箱。

下方向舵變成雙鉸鍊式的原因在於，

機內（貨艙&客艙） Interior

■ 747-8F的主機艙的貨艙

貨艙的剖面和以前的747一樣，但伴隨著機身加長，容積也增加了。最大酬載量從113噸增加到133噸（包含機腹貨艙）。地板嵌入移動貨物時所需的動力驅動裝置（PDU），讓裝卸作業更為省力。

■ 下層機艙（機腹貨艙）

下層機艙和客機一樣，機身變長，可以搭載的貨物也增加了。

■ 上層機艙下方的主機艙最前端

747-400和747-8的客機雖然都有延長的上層機艙（SUD），但貨機維持和初期747一樣的短版上層機艙不變。這是因為上層機艙會降低貨艙某區的天花板，無法有效活用貨艙的容積。不過也有具備SUD的貨機，這是利用中古客機改造成貨機的關係。

當強化後的一個發動機暫時停止時（左右推力不對稱的問題比以往還嚴重），需要確保方向舵足以平衡左右推力。

而747-8F水平尾翼內的油箱，由於客機和貨機的所需性能不同而被省略。飛機如果將燃油和酬載（旅客或貨物）都滿載的話，會超過最大起飛重量，所以要選擇哪一方為優先。客機重視中途不休息，持續飛向遠方的目的地，盡可能多裝一點燃油會比較有利；貨機則是儘管要為了加油在途中降落，也要盡量多載一點貨物。因此就算多準備幾個油箱，也幾乎沒有用到的機會。

波音747-8的機械結構

■ **登機門**

747客機的主機艙單側各有5扇機門,每扇門裡面都藏有滑道,下半部才會比較厚。相較於此,貨機的主機艙門只有最前方左側1扇(L1),而且不會拿來緊急逃生使用,外型比較俐落。

■ 客機門

■ **747-8F的緊急出口**

747-8F只有上層機艙才有緊急出口,側面的緊急出口設有滑道(門前方的箱狀物)。另外駕駛艙天花板的緊急出口採用的是吊索和逃生繩索的設計,備有8人使用的吊掛裝置。

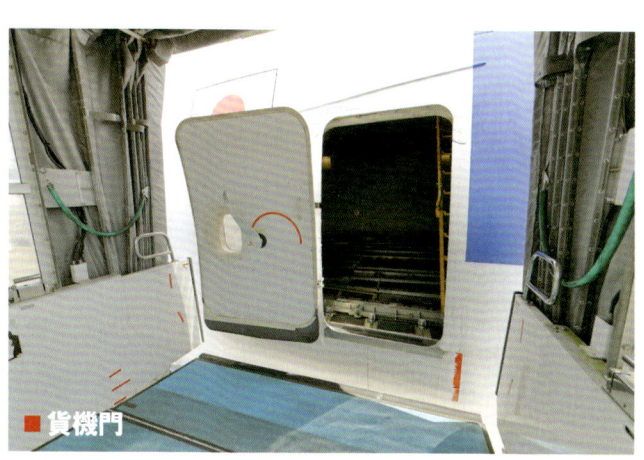

■ 貨機門

貨艙
初期型的機鼻貨艙門依舊健在

在開發747的1960年代,設想過將來的主角是像協和號一樣的超音速客機,所以次音速的747是預設轉為貨機用途而開發出來的。駕駛艙設計在較高的位置,也是為了在機鼻安裝貨艙門(機鼻貨艙門)。結果超音速客機無法成為民航機的主角,747則按照當時的目標製造了專用貨機。到了747-8就分成客機747-8I(intercontinental)和貨機747-8F(freighter)。

配合747-8I延長的前半段機身,駕駛艙所在位置的上層機艙(二樓座位)也跟著延長。但是747-8F則維持和初期747一樣較短的上層機艙。因為沒有乘客的貨機不需要有上層機艙,而且最大的缺點是上層機艙還會降低主機艙的天花板高度,沒有辦法有效活用主機艙的

31

■ 座位（貨主座位）

■ 廁所

■ 組員休息室

■ **747-8F的上層機艙**

747-8F的上層機艙除了有駕駛艙之外，還有座位和機師假寐用的床（組員休息室）、廁所、廚房。座位是給員工出差或是給貨主隨行人員使用，雖然寬敞舒適但沒有娛樂設備。

空間。

另外，可以搭載的貨物高度，不僅受限於機內尺寸，也會因為貨艙門的大小而有所限制。初期的747貨機只配有機鼻貨艙門，所以能從這裡進去的貨物高度，只能低於因上層機艙而縮短的天花板高度。於是便在機身後半段左側設置了較高的側邊貨機門，可以搭載堪堪達到機艙高度的貨物。但是機鼻貨艙門的優點是可以搭載較長的貨物，便仍舊保留下來了。

座艙
導入最新的各種客艙設備

購買747-8I的航空公司只有漢莎航空（19架）、大韓航空（10架）、中國國際航空（7架），其他如美國總統專機（空軍一號）等貴賓專用機，總共加起來才48架，大約只有貨機型747-8F的一半。同時漢莎航空和大韓航空也有購入

波音747-8的機械結構

■ 747-8I主機艙的座艙

747全系列的機身剖面形狀都一樣，所以座艙的座椅配置基本上也共通，經濟艙採用標準的3-4-3型式，共10個的並列座位。747-8I導入LED客艙照明和容量較大的艙頂置物櫃。

■ 客艙樓梯

連接主機艙和上層機艙的客艙樓梯。747 Classic的初期機型採用螺旋樓梯，之後就改良成直線樓梯，747-8I的設計也變得更有近未來感。

747-8I

747-400

■ 747-8I的上層座艙

747-8I上層機艙內的座艙。因為機身前段延長的關係，比747-400多了一些收納空間。雖然上層座艙感覺有點狹窄，但也足以匹敵一般小型區域航線客機的座艙空間。

A380，最後依照需要的大小和目的地分別使用747-8和A380。舉例來說，漢莎航空首架A380飛的是法蘭克福—成田航線，飛羽田機場的航線就投入了747-8，因為羽田機場在原則上無法接受A380進行降落。

747-8I的機身基本上只是將747-400延長而已，座艙的剖面形狀和窗戶大小沒有改變，再加上座艙又被切割成好幾個區塊，乘客應該無法實際感受到機身變長了吧。儘管如此，對於747-400有印象的人，應該還是會發覺747-8I是一架新飛機吧。大型化而且帶有滑順曲線的艙頂置物櫃、明亮的LED照明設備，還有舒適的座椅和機內Wi-Fi，實現了21世紀客機該有的舒適度。另外，連結主機艙和上層機艙間的樓梯周圍，也做了大幅的改變，以前看起來狹窄樸實，747-8I則用柔和的弧線打造出開放感的空間。

發動機 Engine

■ GEnx-2B發動機
GEnx-2B發動機是以787的GEnx-1B為基礎開發而成，但是加上了加壓、空調所需的分氣系統（787不用分氣系統，而使用電動壓縮機）。降低噪音的鋸齒型噴嘴雖然和787一樣，但和787的差異是連核心部的噴嘴都採用鋸齒型設計。

但是這種「新穎」的設備，僅是747-8獨有的嗎？應該會有人抱持這種疑問。既然座艙的寬度一樣，應該也可以把747-400的內裝改得和747-8一樣不是嗎？現在的漢莎航空因為擔心機型不同，服務品質也會有所改變，所以讓747-400裝上和747-8一樣的座位，但沒有配上新的艙頂置物櫃和LED照明設備。因為如果要改裝到這種地步，需要花費龐大的費用。而且就算花費大量的金錢和時間，但油耗表現差、又逐漸老舊的747-400也不會搖身一變成為競爭力優異的客機，所以明亮舒適的座艙空間的確是747-8I才有的魅力。

發動機和起落架
只有GEnx一種選擇

747-8的發動機只能選擇奇異製造的

■ 發動機和掛架
發動機直徑和787比起來稍微小一點，但是卻比747-400還大。為了確保與地面間的間隔，需要吊掛在更高的位置。由於機頭上升時，發動機短艙產生的亂流會干擾主翼的氣流流動，便藉由加裝在短艙的小型翼片（輔助翼）來產生渦流、調整氣流。起飛時在主翼上方可以看見一條飛機雲，就是這個輔助翼所產生的渦流。

■ 加油口
燃油從主翼下方的加油口注入。油耗幾乎和747-400一樣，但是機身變大後可以搭載更多貨物，相對降低了單位重量的運輸成本。但是和雙發機相比，經濟性沒那麼高。

起落架　Landing gear

■ 主起落架

■ 起落架
起落架由1組鼻輪（前起落架）和4組主輪（主起落架：2組翼輪和2組機身輪）所構成。雖然因應重量增加而進行強化，但在結構、數量與尺寸上都與至今為止的747一樣，每個主輪各有4組輪胎，每個輪胎上配有多片式碟盤煞車系統。另外，位於最後方的機身輪，具備在鼻輪轉向角度增加時一起連動的轉向機能

■ 前起落架

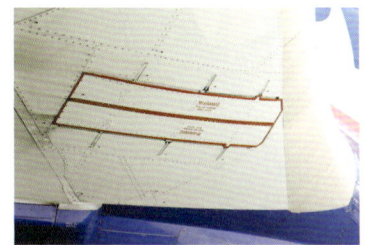

■ 衝壓氣渦輪（RAT）收納艙
747-8的右主翼根部內藏有747家族第一架加裝的衝壓氣渦輪（ram air turbine，RAT），在主發動機故障時可以彌補油壓不足。

■ 尾部支撐架
為了防止積載貨物的時候使重心發生變化，導致機尾擦地，會在貨機尾部抵著一根尾部支撐架。

　　GEnx-2B。至今為止的747家族可以從普惠、奇異、勞斯萊斯三家公司中選擇發動機製造商，但是波音判斷747-8的市場規模，無法提供讓三家公司彼此競爭的開發費用。

　　GEnx-2B是把專為787開發的GEnx-1B渦扇直徑縮小的產品，追加787已經捨棄的分氣系統作為加壓空氣之用，雖然比起787的發動機小一點，但卻比747-400的大，給人健壯的印象。特徵是燃氣噴嘴呈鋸齒狀，稱為鋸齒型噴嘴（chevron nozzle），可以迅速地將高速噴出的空氣與周圍的空氣混和，具有降低噪音的效果。兩者的差異是787的

35

駕駛艙 Cockpit

■ 導航顯示

747-400和747-8的啟航年份差了20年，相似的駕駛艙也反映了科技的進步，內部完全是不同的東西。最具代表性的就是電子檢查清單，還有ND（導航顯示）可以顯示垂直狀況和機場內的地圖。

■ 747-8的駕駛艙

747-8的駕駛艙基本上和747-400一樣，雖然新的無線控制面板很顯眼，但以汽車來說的話就只是換車內音響的程度，基本的操作方法都一樣。

GEnx-1B只有在旁通氣流的噴嘴上加裝鋸齒狀的設計，但是747-8的GEnx-2B則是連內側的燃氣噴嘴，都換成鋸齒型噴嘴。

因應747-8機體重量和飛航重量增加，起落架也被強化了，但高度和輪胎數量沒有改變，所以座艙地板的離地高度等數值當然也沒有改變。原本的登機用空橋和貨機用的升降裝卸貨車等地勤車輛都可以直接使用。

作為747的共通款式，不單只是鼻輪，連最後面的機身輪也備有轉向機構，縮小在地面上的迴轉半徑。

駕駛艙
強調共通性的配置設計

747-8和747-400的駕駛艙相似到乍看下幾乎難以分辨的程度，這是為了讓機師的飛行執照共通化，不單配置方式，就連基本的操作順序都通用了。但是內

■ 747 Classic的駕駛艙

747系列的外觀大同小異，但747 Classic和747-400以後的機型，在駕駛艙有很大的差別。包含飛航工程師以三人乘務進行駕駛的Classic，在機艙內擺放許多機械式儀表，操縱席後方設置了大型的飛航工程儀表（飛航工程師座位）。

■ NCA的747F

日本唯一的747-8服役於日本貨物航空（NCA），從2013年導入起至2018年747-400退役前，同時使用兩種機型，因為飛行執照共通的關係，認可機師駕駛這兩種不同的飛機。對於一家只有10架飛機規模的航空公司來說，機師等機組人員的執照共用是非常重要的事情。

容有更新，能對應最新的管制系統和導航系統，連螢幕顯示也是。舉例來說，以往只能表示水平面的導航顯示器（navigation display），現在也可以顯示垂直面的狀況，另外也配備了電子檢查清單等等，有這些不同之處。

電子檢查清單不僅將紙本的檢查清單以數位方式顯示，也能個別確認機體電腦的項目。推力操縱桿兩側追加了小型旋鈕來操作電子檢查清單，這是少數與747-400不同的辨識點。

因為機身變長的關係，改變了在滑行時轉向的時機，在著陸進場時，俯仰角大約淺了1度，但基本上飛行起來沒有特別的不同感。儘管747-8的最大起飛重量比747-400重了10萬磅（大約45噸，相當於一架區域航線飛機），但是卻做到不會讓人有這種感受。

747 Calssic、747-400、747-8
生產製造超過半世紀的三代客機
747衍生機型全面解說

文=久保真人

747 Classic 規格

	747-100	747-100B
全寬	59.64m	←
全長	70.40m	←
全高	19.33m	←
機機翼面積	511㎡	
發動機類型	JT9D-3A	RB211-524C2
最大起飛重量	332,100kg	340,100kg
最大著陸重量	255,800kg	
無燃油重量	238,780kg	247,170kg
燃油容量	178,700L	181,950L
巡航速度	M0.83	M0.84
航程	6,800km	8,710km
最大座位數(2艙等)	452	←
啟航年份	1970	1979
備考		

不斷讓人們看到「全新景色」的747

「空中女王」、「空中的豪華客機」、「大眾運輸時代的寵兒」……，
形容波音747的說法有很多種。最早擁有兩層客艙的噴射客機、
寬廣的主機艙內設有兩條走道，可提供500個座位的飛機就是747。
1969年2月9日第一次飛上天空的747，以747-100作為初期的標準款開始量產服務旅客。
之後改良發動機、提高最大起飛重量，透過導入最新技術不斷改良後，
也配合航空公司的需求接二連三地開發衍生機型，
結果持續生產了半個世紀以上。
接下來就來介紹各衍生機型（民用型）的概要。

	747-200B*	747-200B*	747-200C	747-200M	747-200F	747SR-100	747-100B SR	747SP	747-300	747-300M	747-300SR
全寬	←	←	←	←	←	←	←	56.13m	70.40m	←	←
全長	←	←	←	←	←	←	←	19.94m	19.33m	←	←
全高	←	←	←	←	←	←	←	←	←	←	←
發動機類型	JT9D-7AW	JT9D-7R4G2	JT9D-7AW	JT9D-7J	JT9D-7AW	JT9D-7A	JT9D-7A	JT9D-7A	JT9D-7R4G2	CF6-50E2	JT9D-7R4G2
最大起飛重量	351,500kg	377,800kg	362,800kg*	356,000kg*	251,500kg	235,865kg	272,100kg	315,600kg	340,100kg	351,500kg*	272,100kg
最大著陸重量	←	285,700kg	←*	←*	←	229,060kg	255,800kg	204,100kg	255,800kg	274,380kg*	242,630kg
無燃油重量	238,780kg	←	267,570kg*	247,170kg*	←	215,455kg	219,950kg	192,740kg	238,780kg	247,160kg*	244,490kg
燃油容量	198,370L	←	←	←	←	181,940L	183,360L	184,630L	183,350L	196,950L	183,350L
巡航速度	←	←	←	←	←	M0.83	←	←	M0.85	←	←
航程	8,340km	11,397km	←	←	7,690km	2,590km	←	11,280km	10,463km	←	3,780km
最大座位數(3艙等)	←	←	←*	←*	—	500*	555*	331	565	565*	624*
啟航年份	1971	1983	1973	1975	1972	1793	1980	1976	1983	←	1986
備考	*前期型	*後期型	*all-passenger	*all-passenger		*all-economy	*all-economy			*all-passenger	*all-economy

747-400/-8 規格

	747-400	747-400D	747-400M	747-400ER	747-400F	747-400ERF	747-8I	747-8F
全寬	64.40m	59.60m	64.40m	←	←	←	68.50m	←
全長	70.60m	←	←	←	←	←	76.30m	←
全高	19.40m	←	←	←	←	←	←	←
機翼面積	525㎡	←	←	←	←	←	554㎡	←
發動機類型	PW4056	CF6-80C2B1F	CF6-80C2B1F	CF6-80C2B5F	CF6-80C2B1F	CF6-80C2B5F	GEnx-2B67	GEnx-2B67
最大起飛重量	396,894kg	276,693kg	396,894kg	412,770kg	396,900kg	412,775kg	447,696kg	←
最大著陸重量	285,764kg	260,362kg	285,764kg	295,743kg	302,093kg	←	n/a	343,370kg
無燃油重量	246,074kg	242,672kg	256,280kg	251,744kg	288,031kg	277,145kg	n/a	325,226kg
燃油容量	216,840L	203,493L	215,991L	241,140L	216,840L	←	242,470L	229,980L
巡航速度	M0.85	←	←	M0.855	M0.845	←	M0.855	M0.845
航程	13,450km	2,905km	13,360km	14,205km	8,230km	9,200km	14,815km	8,130km
最大座位數(3艙等)	400	628*	400*	416	—	—	467	—
啟航年份	1989	1991	1989	2002	1993	2002	2012	2011
備考		*all-economy	*all-passenger					

根據波音公司的資料，原則上刊載的是各型號首架的發動機規格

747配備發動機一覽

發動機(推力)	747-100	747-100B	747-200B	747SR-100	747-100B SR	747SP	747-300	747-300SR
JT9D-3A (19,730kg)								
JT9D-3AW (20,400kg)								
JT9D-7A (21,290kg)								
JT9D-7AH (21,290kg)								
JT9D-7AW (22,030kg)								
JT9D-7F (21,770kg)								
JT9D-7FW (22,030kg)								
JT9D-7J (22,680kg)								
JT9D-7Q (24,040kg)								
JT9D-70A (24,040kg)								
JT9D-7R4G2 (24,490kg)								
CF6-45A (21,090kg)								
CF6-50E/E1/E2 (23,810kg)								
RB211-524B2 (22,720kg)								
RB211-524C2 (23,360kg)								
RB211-524D4 (24,090kg)								

發動機(推力)	747-400	747-400ER	747-8
PW4056 (25,741kg)			
PW4062 (28,712kg)			
CF6-80C2B1F (26,263kg)			
CF6-80C2B5F (28,168kg)			
RB211-524G2 (26,308kg)			
RB211-524H8-T (26,988kg)			
GEnx-2B67 (30,163kg)			

Tokio Sato

Akira Fukazawa

Boeing747 classic

747-100
深受重量增加所苦的747起點

泛美航空確定訂購25架飛機後，陸續有德國漢莎航空訂購3架，日本航空也訂購3架，於是波音推出的747系列首架量產機型，於1969年12月30日取得了FAA的認證。泛美航空於1970年1月22日將其投入紐約—倫敦航線，日本航空也繼環球航空、漢莎航空、西北航空之後，於同年的7月1日投入羽田—檀香山航線，兩天後投入羽田—檀香山—洛杉磯航線。

身為747的原始機型，啟航時並沒有編號，僅稱為747（後來新增衍生機型，初期型才改稱747-100）。雖然747是以巨大機體吸引了全世界的關注，但是作為第一種大量採用1960年代中期後急速發展的電子技術的客機，這點應該也值得大書特書。747將慣性導航系統（inertial navigation system，INS）、自動駕駛裝置、自控推力裝置、機體重量測量裝置、氣象雷達等作為標準配備，並且把主要裝置三重模組化，強化冗餘系統。尤其是INS，一開始是作為飛彈導引程式開發而成，後來成為高精密自動導航裝置，實際用在來往地球與月球的阿波羅太空船上，不需要地面上的導航輔助設施也能自動導航，讓INS與自動駕駛系統連動，就能讓飛機自動飛行到目的地。藉此，在海上長途飛行中，就不需要推測航線的天文導航員了，只剩下兩位機師和一位飛行工程師就能操縱飛機。

初期量產型的747安裝的是普惠公司的JT9D-3A發動機（推力19732公斤），最大起飛重量為322100公斤，航程為6800公里。結果讓跨越大西洋的航線得以成真，本來從美國的西岸到歐洲，還有日本到美國西岸的航班無法進行不著陸（中間不落地）飛航。747的實際重量比設計時推估的數值還要高，所以在推出之後，波音和普惠公司也持續努力的降低機體重量並提升發動機推力，進行747B（之後稱為747-200B）的開發作業。

這架747B上安裝的發動機JT9D-7（推力20639公斤）之後進化成JT9D-7A（推力21290公斤）。搭載這台發動機，把最大起飛重量提升到33249公斤的747-100A於1970年發表。而發表的同時，初期型747-100的發動機也改修成JT9D-7，並且把系列名稱統一為747-100。順帶一提，日本航空也在1972年

747-100

Kiyoshi Matsuhiro

的時候花了一整年將JT9D-3A改裝成JT9D-7A，讓最先訂購的三架飛機（JA8101〜JA8103）變成和後來購買的四架747-100A（JA8107、JA8112、JA8115、JA8116）一樣的款式（航程可達7600公里），在日本航空的稱呼也統一成747-100。

繼最先決定採購747-100的三家航空公司之後，西北航空、英國海外航空、環球航空、聯合航空、美國大陸航空、美國航空、達美航空、加拿大航空、法國航空等多家航空公司都陸續導入747-100。但將其投入美國國內線的聯合航空、美國航空、達美航空因為供過於求的關係，壓縮到公司經營，所以早早就轉賣掉了。之後747就被主要為國際越洋航線的航空公司採用，不斷改良成長程型飛機（日本國內為例外），生產總數為167架。

747-200B
747 Classic的標準機型

強化747-100的各部機體，增加燃油容量（從178700公升提升到198370公升），搭載推力為20657公斤的JT9D-7，航程延伸到8100公里的改良型，可說是具備最初開發747時所設計的性能。1970年12月23日取得FAA的型號認證證書，1971年1月交付荷蘭皇家航空公司後開始運航。之後以長程國際航線為主的西北航空、日本航空、瑞士國際航空、北歐航空、印度航空、澳洲航空等航空公司陸續導入，成為了747的標準機型。

在太平洋線投入747-100的日本航空也在第四架飛機之後以747-200B為中心，1971年9月1日開設羽田 — 舊金山 — 紐約航線，也是首架向東飛行的太平洋航線中途不著陸航班。

747-200B的發動機改良側重在增加最大起飛重量和提升航程。舉例來說，初期的改良是在推力21290公斤的JT9D-7A加裝水噴射裝置，變成推力為22030公斤的JT9D-7AW（在中央機翼內增設容量2650公升的水箱），將航程延長到8340公里。1978年開發出擴大JT9D-7A的渦扇直徑，推力增強到24040公斤，實現低油耗性能的JT9D-7Q，航程增加到9600公里。

747-200B的航程不斷延伸，讓西行太平洋線也能不著陸飛航，日本航空在1975年7月讓來往太平洋線的航班實現了不著陸飛航。接著在1983年7月使用後期型747-200B（JA8161、JA8162、JA8169），搭載日後之後成為747-300發動機的JT9D-7R4G2（以JT9D-7AQ為基礎開發而成，推力為24490公斤），實現了成田-紐約線的不著陸飛航。這架飛機在前方下部的貨艙後面增設油箱，讓容量提升到210400公升，航程延伸到11300公里。

波音將持續改良的JT9D發動機接連用在新的機型，同時也在1972年決定替747導入搭載於麥道DC-10、由奇異製造的CF6同系列發動機的選配方案。接著於1975年6月在選配上加入由勞斯萊斯（RR）製造、使用在洛克希德L-1011三星（Lockheed L-1011 TriStar）上的RB211同系列發動機。自此，747的發動機變成可從三間公司當中選擇，滿足更多航空公司的需求。舉例來說，將747和DC-10作為國際航線主力飛機的漢莎航空和荷蘭皇家航空公司，在購入747-200B的同時也導入了CF6發動機，同時使用747和L-1011的英國航空與國泰航空就選擇配備RB211發動機的747-200B。

747-200B不僅在性能層面上，還為了符合各家航空公司的需求，對機艙進行多樣化的設計。747-100和747-200B的上層機艙本來是設計給頭等艙乘客使用的交誼廳，不算在座位數量裡。為因應旅客需求擴大和增設商務艙的配置，也將上層機艙改建成算進座位數量內的客艙使用，為此將單邊3片窗戶增設到7～10片。接著在1978年推出把連接主機艙和上層機艙的螺旋梯換成直線樓梯，並在上層機艙的左舷前方增設緊急逃生出口，增加座位數量的選配（在日本，全日空使用的747SR和747-200B與日本航空旗下的747-100B SR和部分的747-200B都有導入這個選配）。

747-200B客機型最後一架飛機於1989年8月交付全日空，產線編號（line number，LN）為750的JA8190。這架飛機和747-400一樣採用為了改善空氣動力性能而變更設計後的翼根整流罩。

747-200B的衍生機型開發了全貨機型、客貨混合型、客貨轉換型以符合各家航空公司的需求。從1971年開始到1991年為止，20年來各衍生機號加起來總共生產了393架（包含美國空軍VC-25A、E-4A／B），光是民用客機的747-200B就生產了233架，是747 Classic當中銷量最好的型號。

747-200F
世界最大的民用型貨物運輸機

波音在開發747的時候，設想過如果同時期開發的超音速客機（SST）實際運用在運輸上的話，那麼旅客運輸將會以SST為主體，747則改裝成貨機，保留生存的空間。結果因為沒辦法解決SST的經濟性和音爆的問題，波音2707在1971年中止開發。真正實現商業運輸的除了蘇聯的Tu-144之外，就只剩下14架協和號客機，沒有實際上成為客運的主流。最後，747成為至今都還在服役的長壽客機，生產超過1500架以上。

波音747啟航的1970年代有兩次石油

747-200C
主機艙可以在全旅客、全貨物間轉換

危機，景氣持續大幅波動，但是國際航空貨物運輸幾乎仍順利地成長。因此波音就以747-200B為基礎開發貨機，1972年3月將首架飛機（LN168）交付漢莎航空。

747本來就考量過要當貨機延長使用壽命，為了讓主機艙可以作貨艙使用，把駕駛艙設計在上層機艙，讓主機艙的全部空間都能當貨艙使用。而作為貨機開發的747-200F則在機鼻位置的上方加裝鉸鍊，設有可動式機鼻貨艙門，可以放入8×8×40英尺的長型貨櫃。但是上層機艙的部分天花板比較低一些，貨物最高只能堆到2.5公尺（主機艙可以堆到3公尺左右）。為了活用主機艙的高度尺寸，放進兩排貨櫃和棧板，可以選配在左舷主翼後方增設高3.05公尺、寬3.40公尺的側邊貨艙門。第一架選用這個配備的是日本航空的首架747-200F，於1974年9月導入，產線編號為243的JA8123。

747-200F將主機艙的窗戶封閉，強化地板後增設導軌和動力驅動裝置（power drive unit，PDU），下部貨艙則和一般客機一樣，主機艙的貨艙和下部貨艙加起來最大的酬載可以到90噸（改良款達到110噸）。

生產架數雖然只有73架，但後面也會提到許多將客機型747-100和747-200B改裝成貨機用的飛機。

和大型航空公司可以分成客機和貨機兩種營運方式不同，為了滿足以包機為主的小型航空公司隨時切換成客機或貨機的需求，開發出來的就是客貨轉換型的747-200C－兼具747-B和747-200F兩架飛機特徵的衍生機型，「C」代表convertible（可轉換的）的意思。

主機艙和客機一樣設有窗戶，地板為了運輸貨物進行過強化，和747-200F一樣設有機鼻貨艙門，也有飛機安裝了選配的側邊貨艙門，首架飛機（LN209）於1973年4月交給負責美軍包機服務的世界航空（World Airways），生產數為13架。

另外，為了彌補美國空軍在戰爭等緊急時刻，運輸機數量可能會不足，基於民間後備航空隊（Civil Reserve Air Fleet）的強化計畫，將泛美航空旗下的19架747-100改裝成客貨轉換型飛機。

747-200M
兼顧旅客和貨物兩方的運輸平衡

貨物衍生機型747-200M和道格拉斯DC-10、洛克希德L-1011同樣有約300席的座位數量，再加上可以同時運送6～12個棧板，登場時稱為747-200B COMBI的客貨混合型。747的主機艙是以艙門為分界，由前往後隔成A～E五個區域，747-200M可將後方的D、E區或單獨把E區作為貨艙使用，主機艙的左舷主翼後方設有和747-200F一樣的貨艙門。

如果把主機艙全部當作座艙，兩個艙等總共有452席；把E區作為貨艙使用時，兩個艙等為316席；D、E區都當成貨艙使用時則有238席。座艙和貨艙中間有艙壁，從旅客的視角來看，就好像是搭上一架看不到機尾空間的747。

首架飛機是為了加拿大航空打造的LN250，於1975年3月交付。主要是荷蘭皇家航空公司、漢莎航空和法國航空等歐洲大型航空公司採用，也投入運用在日本航線，有許多飛機後來也改成純貨機。生產架數為78架。

747SR-100
為了日本國內線開發的短程款式

747主要是為了投入大西洋線和美洲大陸橫斷路線等中長程飛行而開發，但是相對於日本國內航線的需求，機場的起降時間帶太少，陷入慢性的供應不足。因此波音向日本航空提案，開發以747-100A為基礎，強化主翼和部分機身的構造，讓飛行週期延長到2倍的747SR（Short Range）。對此，日本航空在1972年12月下了4架747SR的訂單，首架（LN221、JA8117）於1973年9月4日首飛，1973年10月7日啟航羽田—那霸航線。

基本性能和配備JT9D-7A發動機（推力為20934公斤）的747-100一樣，但是為了短程飛航的關係，將最大起飛重量抑制在236000公斤～276000公斤內。另外，因為一天要飛4～6次1～3小時左右的短程航線，採用改良型煞車、煞車溫度監控裝置和多樣化APU啟動方式等特別的裝備。

和國際線的747比起來最大的差異就是座艙配備，主機艙內的經濟艙當時採用的是3-4-2共9席的並列座位設計，747SR則增加成3-4-3共10席，還縮小了廚房和廁所數量（從國際線飛機的13處減少到9處），空出來的空間塞入旅客座位，加上上層機艙的16席，最大可以搭載527席。日本航空一開始選擇了480席、478席、490席三種款式，1974年7月統一為498席。

繼日本航空之後，全日空也決定導入747SR，1978年12月拿到首架飛機（LN346、JA8133），1979年1月25日

投入服務。全日空的款式因為採用發動機選擇制度的關係，配備了奇異公司製造的CF6-50E降階版CF6-45A發動機（推力21109公斤）。另外在上層機艙左舷追加緊急逃生出口，增加上層座艙的座位數，還可以選配將連接主機艙和上層機艙的樓梯變成直線式，是第一台超過500席座位的飛機（啟航時為500席，最後增加到536席）。

日本航空從1980年開始到1986年間決定追加採購747SR，747-100在這個時期已經停產，取而代之的是以747-100B為基礎的短程款式。並和全日空的飛機一樣選配了增加上層機艙座位的設計，達到全世界最多座位的550席。再加上1986年收到的兩架飛機採用和當時已生產的747-300一樣，屬上層機艙延長型747-100B／SUD，總座位數增加到了563席。

導入747SR的只有日本兩家航空公司，包含以747-100B為基礎打造的版本，總生產數為29架。

747SP
縮短機身達到輕量化
提升續航性能

繼400席級別的747之後，300席等級的DC-10和L-1011也以美國的國內線為中心啟航，廣體客機一下子變成客機的主流。波音為了搶下麥克唐納・道格拉斯和洛克希德兩間公司獨占的300席級別市場，計畫開發縮短747-100機身的747SP（Special Performance），但以經濟性來說劣於三發動機廣體客機，所以將縮短機身達到輕量化、延長航程作為賣點，向航空公司提案。泛美航空注意到上述提到的續航性能，對這個開發起到推波助瀾的效果，於是波音在1973年9月10日推出了747SP。

747SP主翼前後的機身總共縮短14.2公尺，變更翼根整流罩的形狀，水平尾翼的全寬延長3.05公尺，垂直尾翼的翼端也延長1.52公尺，確保了穩定性。然後將方向舵變成雙鉸鍊設計的同時，為了讓機體輕量化，把三縫襟翼換成了結構簡單的單縫襟翼。其他部分和以往的747有約90%零件是共用的。

裝備JT9D發動機的燃油容量為184630公升，配備JT9D-7A發動機的最

大起飛重量為215600公斤，因為機體的輕量化和縮短機身的關係，空氣阻力也降低了，航程變成11280公里。裝備追加油箱的機型，最大起飛重量為285765公斤，航程延長到12316公里。

泛美航空在1976年4月25日將747SP投入洛杉磯—羽田航線，隔天投入紐約—羽田航線，實現了第一次從美國東岸到日本的不著陸商業航班。想在紐約線對抗泛美航空的日本航空也對747SP表現出興趣，但因為石油危機和噪音問題，再加上台日航線停航等經營層面的艱困時期，只好斷了添購747SP的想法，改為投入新銳的DC-10-40，就算路線經過位在美國阿拉斯加的安克拉治（Anchorage）也無法改變持續苦戰的狀態。

747SP多為南非航空、澳洲航空、阿根廷航空、中華航空、環球航空等長程航線較多的航空公司所採用，同時也作為阿拉伯聯合大公國、沙烏地阿拉伯、巴林等國家的行政專機。

747SP的優勢雖然是航程較長，但是隨著進入1980年代，發動機改良後，每座位里程單位成本較少的全尺寸747-200B也有和747SP一樣的航程，最終導致747SP的任務終結，於1982年停產，總計45架。

747-100B
幾乎沒有需求的中程型

波音順利接下了747 Classic的完全體——747-200B的許多訂單，但是為了那些比較沒有長程航線需求的航空公司，開發採用和747SR-100一樣的主翼、機身、強化後的降落裝置，搭載RB211-524C2發動機（推力23360公斤），最大起飛重量達到340100公斤的中程航線用飛機。首架（LN381，配備推力21770公斤的JT9D-7F發動機）於1979年8月交付給啟動客戶伊朗航空，之後從1981年到1982年，沙烏地阿拉伯航空導入了8架（配備RB211-524C2發動機），但是市場需求比想像中還要低，生產數量停留在9架。

除了賣出去的9架747-100B之外，日本航空從1980年開始導入5架以747-100B為基礎改成的747SR。其中2架和747-300一樣採用了上層機艙延長的設計，成為747-100B／SUD的版本。

747-300
延長上層機艙
747 Classic的完成版

到了1970年代後期的波音公司，為了因應持續順利增長的旅客需求，開始著手進行延長747-200B的上層機艙，增加座位數量的衍生機型專案。雖然已經導入將747-100B／-200B的上層機艙縱深延長1.8公尺、最大可以設置38個經濟艙座位的款式，但外觀仍和初期的747一樣。全新衍生機型採用的是主機艙維持不變，只將上層機艙向後延伸7.11公尺的方案，外觀形狀也跟著改變了。

由於這架衍生機型的上層機艙，最多可以配置86個經濟艙座位，FAA要求全員要能在90秒內緊急逃生，因此在上層機艙中央的兩側，設置了和主機艙一樣會朝外側上方張開的鷗翼設計Type A緊急出口。另外，和以往747不同的是上層機艙也設置了艙頂置物櫃。連結主機艙和上層機艙的樓梯移設到L2門進來的地方，爬上直線型的樓梯後，會直接抵達上層機艙後部的廚房前方。

發動機可以從普惠公司的JT9D-7R4G2（推力24490公斤）、奇異公司的CF-6-50E2（推力23810公斤）、勞斯萊斯的RB211-524D4（推力24090公斤）當中選擇，標準最大起飛重量為340100公斤、航程為10463公里。機體重量比747-200B增加了5000公斤，但因為延長上層機艙改善了空氣動力性能，可以獲得和747-200B同水準的航程。

最先對這架衍生機型感興趣的瑞士航空，在1980年6月確定下單5架，波音公司則正式以747-300的系列名稱發表，在1983年3月28日於瑞士航空啟航（也就是之後所說的747-300M）。日本航空在1983年尾以租賃的方式導入2架（ＬＮ５８８的Ｎ２１２ＪＬ和ＬＮ５８９的Ｎ213JL），投入到太平洋航線，第三架開始為公司購入，1986年投入到成田－芝加哥航線、以及通過西伯利亞上空不著陸飛航的倫敦線、巴黎線。

另外，波音747-300也稱為747SUD，加長上層機艙成為747的一個選配設計。日本航空在747-100B基礎改成的747SR上採用此設計，在1986年導入了2架747-100B／SUD（LN636的JA8170和LN655的JA8176）。另外還有提案將已經製造、在航線內運行的747-200B翻修成SUD形式。荷蘭皇家航空送了10架，法國聯合航空（之後被法國航空併購）送了2架747-200B改修成SUD版本（型號變成747-200／SUD）。改裝作業要在波音的埃弗里特工廠實施，工期約三個月左右。

到了1985年因為波音747-400推出的關係，1990年停止接受新機訂單，生產總數為56架。

747-300M
在旅客和貨物運輸達到平衡

747-300的客貨混合型，在1983年3月交付瑞士航空。和747-200M一樣於左舷主翼後方（E區的前方）設置了高3.05公尺，寬3.40公尺的側邊貨艙門，E區或是D、E區可以作為貨艙使用，瑞士航空、荷蘭皇家航空、比利時航空等歐洲大型航空公司，以及新加坡航空、大韓航空、里約格朗德航空等都有導入。因為上層機艙延長的關係，許多航空公司就將上層作為商務艙，主機艙當作經濟艙。像大韓航空就把E區作為貨艙，上層機艙作為商務艙，提供323個座位數量。生產架數為21架。

747-300SR
只有日本航空導入短程用的747-300

作為日本航空初期導入的747SR更新機型，是已投入於國際航線用的747-300的短程版本，於1987年到1988年導入4架。日本航空當時已經使用2架以747-100B為基礎改造的747SR，並且將上層機艙延長成和747-300一樣的SUD款式，搭載JT9D-7A發動機的747-100B／SUD。但由於JT9D-7A已經停產，換上了和747-300一樣的JT9D-7R4G2，於是系列名稱變更為747-300SR。日本航空將最大起飛重量控制在27010公斤並投入國內線。總座位數雖然和747-100B／SUD同樣有563席，但在某個時期，兩架747-300SR只有單一艙等，共有584個座位，刷新了最多座位數的紀錄。

747-300的基本性能和747-300一樣，所以1994年4架飛機都提升最大起飛重量，改裝成國際航線用的款式。翻修客艙設備的工程在波音位於美國威奇托（Wichita）的工廠進行，修改後投入檀香山與雪梨航線，總生產數4架。

Boeing747-400

747-400
將747-300高科技化
第二代的巨無霸客機

　　1988年開始交付747-300的波音公司，打算讓747引進當時飛躍性提升的數位技術，同時著手開發再度延伸航程的衍生機型。

　　這架衍生機型的機身雖然是和747-300一樣的SUD款式，但是主翼左右延長1.8公尺，翼尖加裝1.8公尺的小翼，降低了因為翼尖渦流造成的誘導阻力，提升空氣動力特性。還有將導入767／757的新鋁合金作為部分機身構造材質和主翼的蒙皮，實現輕量化並提升強度，更進一步在主翼內增設備用油箱，水平尾翼內也加裝了容量11000公升的備用油箱，讓搭載的燃油量增加到216840公升，最大航程延長到13000公里以上。

　　發動機採用當時最新款式，可以在具有低油耗、高輸出功率的普惠PW4056（推力25741公斤）、奇異公司的CF6-80C2B1F（推力26263公斤）、勞斯萊斯的211-524G2（推力26308公斤）三者之中選擇。

　　另一方面，也藉由在767／757上確立的系統數位化和飛行管理系統（flight management system，FMS）來實現飛行掌控。隨著資訊都集中在駕駛艙內的6面映像管螢幕之後，作為系統操作員的飛航工程師，業務也跟著自動化，變成只靠兩個機師就能操作飛機，駕駛艙內的物理按鈕和旋鈕數量也從971個降至365個。

　　座艙內可以分區設定空調、艙頂置物櫃加大、改變側面內裝面板的設計。另外為了長時間飛行，在座艙最後段上面類似閣樓的地方，設置了機組員用的休息室，也準備了椅子和床的選配設計。

　　這款衍生機型的型號為747-400，因為西北航空的訂單，於1985年10月22日公開。配備PW4056發動機的LN715首先在1989年1月26日交付西北航空，2月1日實施從紐約飛往成田的測試飛行，也是首次飛抵日本，正式啟航日期在2月9日。

　　747-400有「高科技巨無霸客機」之稱。當時747最大的用戶日本航空決定在1987年9月導入搭載CF6發動機的747-400，1990年4月1日啟航，投入羽田－福岡航線和成田－首爾航線的服務。全日空也在1988年10月決定導入配備CF6的飛機，1990年11月1日投入羽田－伊丹航線。日本航空將747-400暱

稱為「天際巡航機」，全日空則是「科技巨無霸客機」，積極推廣全新的大型747。747-400登場後，之前三人駕駛的型號（747-100～747-300）統稱為「747 Classic」。

導入航程延伸的747，就算是冬天吹著強勁西風的紐約或華盛頓特區飛往成田的航線，也能大幅減少在安克拉治或是新千歲因為加油而進行技術降落的次數。

747-400作為747的新機型，世界主要的航空公司相繼導入，到1990年代後期為止成為了主流飛機，生產架數也是整個747系列最多的442架。

747-400M
深得人心的客貨混合型

747-400和747 Classic同樣有推出衍生機型的計畫，一開始生產的就是客貨混合型。以結論來說，其實就是747-300M的747-400版本，也就是在左舷主翼後方設置側邊貨艙門，如果將E區作為貨艙使用，最多可以放進7枚棧板。

主機艙為了搭載貨物有強化構造的關係，重量也稍微增加了（配備CF6發動機的增重型會多出10206公斤），和純客機747-400比起來，747-400M就算全部都是載旅客，航程也變成短一點的13360公里。

最早交付的航空公司是荷蘭皇家航空，1989年9月12日啟航，之後法國航空、漢莎航空、韓亞航空、大韓航空、馬來西亞航空等公司陸續導入。荷蘭皇家航空將其作為日本航線的主力機型，把上層機艙和A、B區設計成商務艙，C、D區用作經濟艙，可以提供252個座位，生產架數為61架。

747-400D
747-300SR的747-400版本

747-400也有生產和747SR一樣的日本國內線專用短程版本。這架衍生款考量到運用的是日本國內空間狹小的機場，所以拆掉短時間飛行沒有什麼效果的小翼，翼展變回和747 Classic一樣的尺寸，再加上為了頻繁地起飛著陸，強化了主翼和主起落架的固定強度。另外，為了短程運輸，拆掉水平尾翼內的油箱和燃油泵等供油系統，主起落架則加裝反應時間更短的系統，煞車也設置了冷卻風扇。

日本航空首先於1988年6月下訂單，首架（LN844的JA8083）於1991年10月22日啟航。全日空也跟著導入，首架（LN891的JA8099）於1992年2月1日啟航，替換掉原本的747SR。兩家航空

747衍生機型全面解說

公司都選擇了和747-400一樣的CF6-80C2B1F發動機，日本航空的飛機最大起飛重量為276200公斤（國際線的747-400為385600公斤），航程為4170公里，全日空的飛機最大起飛重量為271900公斤（國際線的747-400則是396400公斤），航程為3830公里。

兩家航空公司都設置了空間寬敞的超級座位（super seat）和普通座位兩個艙等，日本航空的飛機有568席，全日空則多1席，以569席的款式進行飛航。

747-400D主要是為了增加旅客數量和飛行週期而改裝的飛機，只要提升最大起飛重量的話，就會有媲美747-400的航程。注意到這一點的全日空，為了因應國際航線擴張，飛機數量不足的問題，在1996年到1997年間將兩架747-400D（JA8955和JA8957）改裝成747-400的款式。主要的改修重點在安裝小翼，讓客艙變成三種艙等並配置機組員的休息室。

這兩架飛機在2001年時，又再度改回400D的規格，2003年把本來作為國際線使用所導入的兩架飛機JA401A和JA402A改裝成747-400D的規格。

747-400D只有日本兩家航空公司導入，生產架數停留在19架。

747-400F
上層機艙變成和747-200F一樣的貨機

作為747-400的第三架衍生機型，1993年開始陸續交機的貨機型747-400F，加裝小翼的主翼、改善空氣動力特性的翼根整流罩，還有兩位機師就能進行駕馭的現代化駕駛艙這些雖然和客機一模一樣，但最大的特徵是上層機艙不是SUD的加長型設計，而是和747-200B一樣較短的類型。SUD本來就是為了增加上層機艙座位數量才誕生的設計，貨機的上層機艙只有貨主或少量的旅客使用，又會增加重量的關係，所以就使用較短的類型了。

貨機型的基本設計和747-200F一樣，機鼻處設有開口高2.49公尺、寬2.5公尺的可動式機鼻貨艙門，左舷主翼後方備有開口高3.12公尺、寬3.40公尺的側邊貨艙門。主機艙地板一樣有鋪設動力驅動裝置，但是變更了機首處的貨物堆放

51

格局，讓可以搭載的棧板增加到30枚，還擴大機尾下方貨艙的容量，最大酬載增加到113噸。

最初導入的是盧森堡國際貨運航空（LN1002），於1993年11月17日啟航。國泰航空、大韓航空、新加坡航空等亞洲航空公司和法國航空、荷蘭皇家航空、空橋貨運航空、博立貨運航空、UPS等歐美航空公司也接著導入。日本的日本貨物航空在2005年6月、日本航空在2004年10月導入，日本貨物航空飛機的最大起飛重量為397000公斤，航程為7850公里。

747-400F是訂單最多的貨機型747，生產數量為126架。

747-400ER
再度延長航程的超長程型

因為747-400的登場，連接主要都市的長程航線變得可以不著陸飛航，但是波音公司繼續進行可以再將航程加長的747-400IGW計畫。IGW指的是增重型（Increased Gross Weight）的意思，著眼在增設747-400的油箱，用推力更強的發動機來提升最大起飛重量和延長航程。因應重量增加，機身和主翼的一部分也進行了強化。

這架增重型的飛機，是由營運連接雪梨、墨爾本到美國西岸等超過15個小時航線的澳洲航空在2000年11月28日下訂單，作為747-400ER正式發布。ER代表的是增程型（Extended Range），這個系列名稱和777-200IGW在開發中變成777-200ER一樣。

波音在747-400ER的下層貨艙中增設容量11583公升的油箱，讓搭載的燃油變成239363公升，最大起飛重量為412770公斤，航程延長到14205公里。澳洲航空選擇了推力28168公斤的CF6-80C2B5F發動機，在2002年10月29日取得型號認證，2002年10月23日交付首架飛機（LN1308）。

747-400ER距離747-400開發以來，已經過了10年，所以駕駛艙的顯示螢幕從映像管升級成LCD液晶螢幕。另外，上層機艙的艙頂置物櫃採用了新的設計，空間變得更大，這個類型的艙頂置物櫃也能改裝在已經服役中的747-400上。

導入747-400ER的只有澳洲航空，生產架數停留在6架，最後一架飛機於2003年7月交機。自此，客機型747-400系列就停產了，此後所製造的都是貨機型。

747-400ERF
更加重量化的貨機

將747-400F和747-400ER一樣增加最

大起飛重量的747-400ERF，於2001年4月推出。時間雖然比747-400ER還要晚，但是交機時間卻稍微早一點，法國航空於2002年10月17日接收了首架飛機（LN1315），最大起飛重量比起747-400F增加了15875公斤，來到了412775公斤，航程從8230公里延長到9200公里。最大起飛重量增加的部份如果不拿來裝燃油，而是搭載貨物的話，雖然無法增加航程，但可以增加酬載，最大酬載為124噸。

發動機除了可以和客機型一樣選擇

747-400ERF

Boeing747-8

CF6-80C2B5F之外，還生產了安裝PW4062發動機的機型。LN1419（現在服役於卡利塔航空）是747-400系列最後一架飛機，生產架數為40架。

747-8 Intercontinental
波音最後的四發客機

747-8是747系列當中花費最多心力的最後一款衍生機型，構想可以追溯到1990年代。波音雖然想要開發比747-400更大的新機，但是因為空中巴士正式進入開發兩層客艙的A3XX（2000年12月19日才正式以A380的名稱推出），再加上超大型機的市場需求量沒有大到可以同時讓兩種飛機共存，因此放棄了新型大型機的開發。取而代之的是推出將747-400大型化、提升最大起飛重量的747-500X／-600X、747X／X等各式

747-8I

各樣的專案。但是波音在2001年發表將優先開發座位數250席級別的新中型「音速巡航機」，或是稱為「7E7」（之後的787）的消息，747衍生機型的計畫就推遲了。

但是進入2003年後，波音卻提出加長747-400，將其大型化的747進化版計畫（發表時的客機、貨機機身長度雖然不

53

一樣，但是最終統一採用較長的貨機型設計），因盧森堡國際貨運航空和日本航空下訂單的關係，在2005年11月14日以747-8F的名稱發表，接著漢莎航空也在2006年12月訂購客機型的款式，客機型稱為747-8 Intercontinental（747-8I），和貨機型747-8F做出區隔。

747-8的機身比747-400長了5.58公尺，全長達到76.3公尺，上層機艙也向後方延長。主翼採用擴大面積的新設計，翼尖和747-400所採用的小翼不同，導入運用在777-200LR／-300ER上的斜削式翼尖，改善空氣動力特性。控制飛行的主翼擾流板和副翼則以電傳飛操系統進行操控。

發動機只能選擇將787採用之GEnx 1B系列渦扇直徑縮小的GEnx-2B67（推力為30163公斤）。787的發動機一樣使用了具有靜音效果的鋸齒型噴嘴，降低起飛噪音的同時，也讓燃油效率和747-400相較起來提升了16%。最大起飛重量為447696公斤，航程為14815公里。

關於機內方面，變更了連接主機艙和上層機艙的樓梯設計，同時也將客艙的窗戶變成和777一樣的尺寸（比747-400擴大8%），內裝則和787同樣活用曲線設計，並且採用了LED照明系統。

客機型747-8I在2011年3月20日進行首飛，2011年11月14日取得FAA型號認證。首架飛機（LN1434）於2012年2月28日交付非公開的VIP客戶，2012年5月交機給第一家航空公司－漢莎航空。2012年6月1日啟航法蘭克福－華盛頓特區航線，漢莎航空現在則是以四個艙等共364個座位數量進行運航。

導入747-8I的航空公司有漢莎航空、大韓航空、中國國際航空三間，包含行政專機等VIP款式的機型，總共生產了48架。

747-8F
747最後的開發型號

747-8最初接到訂單的是貨機型747-8F，所以首先進行組裝貨機型，有著延長的機身、增加主翼面積和厚度的新設計，發動機等零件雖然和747-8I一樣，但和747-400F同樣沒有延長上層機艙。

雖然和747-400F一樣備有機鼻貨艙門和左舷主翼後方的側邊貨艙門，但是因為加長機身的關係，相當於可以多搭載7個棧板的貨物，搭載量增加16%，達到133噸，貨艙的容積從747-400的758立方公尺增加到857.7立方公尺。最大起飛重量為442253公斤，航程是比747-400ERF稍短的8130公里。

747-8F於2010年2月8日進行第一次試飛，2011年8月19日取得了FAA和EASA的認證，首架飛機（LN1423）於2011年11月12日交付盧森堡國際貨物航

Charlie FURUSHO

空並開始運行。747-8的機師飛行執照算是747-400的衍生機型，至今為止駕駛過747-400／-400F的機師不需要考取新的飛行執照就能駕馭，因此許多貨運航空公司都有導入。作為啟動客戶的日本貨物航空也在2012年7月26日收到首架（LN1431的JA13KZ），8月13日開始投入成田－洛杉磯航線。

然而，世界正走向777、787等高經濟性中型雙發機的時代，對油耗表現較差的四發機敬而遠之，747-8的年產量掉到只剩下6架。再加上新冠肺炎疫情爆發的關係，全世界的民航業界陷入前所未有的慘況，波音在2020年7月29日宣布747將於2022年停產。2022年12日7日，最後一架飛機離開埃弗里特工廠，結束了747系列長達54年的生產歷程。最終號機於2023年1月31日交付亞特拉斯航空，747-8F的生產架數為108架。

MODIFIED VERSIONS

747SF/747-400BCF
以貨機身份重獲新生的747

747在設計時考量到將來SST成為主流後，還能作為貨機繼續生存。747-200B最初登場時是作為具備機鼻貨艙門的貨機而生產的衍生機型，但是將作為客機所生產的747-100/-200B改裝成貨機的飛機也很多。一開始最常見到將泛美航空、環球航空、美國航空、達美航空、聯合航空汰換下來的747-100改裝成貨機，重新出售給飛虎航空、UPS等貨運航空公司。日本航空也在1977年8月的時候因應貨物運輸需求，將747-100的JA8107改裝成貨機，成為日本航空第二架貨機，再投入飛航服務。另外，日本航空和全日空所使用的747SR中，有一部分的飛機賣掉後改裝成貨機，日本航空的飛機轉賣到長榮和UPS，日本貨物航空則導入了全日空的飛機。

要將飛機改裝成貨機，必須要在波音公司位於美國堪薩斯州威奇托市（Wichita）的工廠進行，工期約三個月。主要的改修是撤掉主艙內的樓梯和旅客用設備，在強化後的地板上鋪上PDU，並且於左舷主翼後方換上和747-200F一樣的側邊貨艙門，沒有加裝在構造上有難度的機鼻貨艙門。主艙內的窗戶直接保留下來，之後也有將窗戶全部封閉或保留一部分窗戶的款式出現。改

747-400BCF

裝貨機則會在型號最後面加上SF（Special Freighter）的副標。

也有將上層機艙比較長的747-300和747-400改裝成貨機型的飛機。改裝方法和747-100／-200B一樣，但是上層機艙只有前方作為客艙使用，位於中央的緊急出口後方設有牆壁，之後都是無法運用的空間。另外，將製造時本來就已經安裝好側邊貨艙門的747 COMBI改裝成貨機型的案例也很多。

雖然主要是由波音進行貨機改裝，但也出現了波音以外的改裝承包公司。舉例來說，以MRO（maintenance, repair and overhaul，維護、修復及檢修）為營運項目之一的以色列航太工業貝德克航空集團（Bedek Aviation Group）著手改裝的飛機，也是有在系列名稱後加上BDSF（Bedek Special Freighter）的案例。

波音為了因應貨機需求擴大，在2005年12月推出747和767的BCF（Boeing Converted Freughter），這是把改裝方式規格化，以波音原廠改裝作為品牌推廣的方式，國泰航空成為啟動客戶。改裝作業在位於廈門的波音認證工廠－廈門太古飛機工程（TAECO）進行，日本航空也導入747-400BCF，在2006年6月領取首架飛機JA8902後陸續導入6架。

747-400LCF Dreamlifter
運送787大型構件的專用飛機

波音787的機身與主翼等大型構件是在美國、日本、義大利等地生產，然後運送到位於西雅圖和北查爾斯頓最後組裝廠進行總裝（2021年4月開始只剩下北查爾斯頓的工廠）。為了空運在世界各地生產的大型構件，雀屏中選的就是747-400。

作為改裝基礎機型747-400的L1／R1門後方，換上可以塞入787機身構件的寬廣機身，拆掉主翼的小翼。貨艙採用非加壓的設計，讓後方機身可以全部朝右側打開，搭載大型構件，因此上層機艙的駕駛座後方，就設有阻隔加壓區和非加壓區的壓力隔板。型號名稱為747-400LCF（Large Cargo Freighter），副標為Dreamlifter（夢想運輸者）。

改裝作業由在台北的長榮航太科技（EGAT）實施，從1992年8月到2006

747-400LCF

年8月共改裝了4架飛機。作為改裝母機的4架飛機當中有2架來自於中國國際航空、1架來自中華航空，最後1架來自於馬來西亞航空，飛機隸屬於波音公司。原本是請長榮航空進行運輸，但從2007年8月開始由亞特拉斯航空接受委託。

787開發、生產中的35%是由三菱重工、川崎重工、SUBARU等公司分擔，於日本生產的構件會在中部國際機場搭載於747LCF上，送往美國組裝。

專欄

民航機以外的747
不用747名稱的美國空軍飛機

就如同日本導入747-400作為行政專機、航空自衛隊用途一樣，也存在著以中東諸國為中心，以王室專用機等用途導入的VIP機款。主要是將機內改裝成VIP用的款式，型號名稱還是沿用民航機使用的747。但是美國空軍導入的747卻被賦予獨自的軍用名稱，最具代表性的就是美國總統搭乘時，呼號為「空軍一號」的兩架飛機──VC-25A。原本是LN679和LN685，搭載CF6-80C2發動機的747-200B，首架於1990年1月26日進行首飛，8月23日交付美國空軍。客艙當然是VIP設計，兩架飛機增加了不用輔助動力系統（APU）、空橋和扶梯車就能夠上下飛機的登機梯，也加裝特殊的通信裝置、還改裝可以在空中加油的裝備等等。

由於使用至今已經超過30年，所以將改良機型的LN1519、LN1523的747-8I改裝成總統專機。這兩架飛機本來是俄羅斯的全祿航空所下的訂單，但因公司經營不善而由波音保管，美國空軍在2017年8月1日簽下購入合約，型號名稱為VC-25B。

除了空軍一號之外，美國空軍還使用其他的特殊747飛機。例如在發生核戰時可以作為空中指揮所，對戰略攻擊部隊下達指令，以747-200B為基礎改裝的E-4A／B，除此之外還有一架用747-400F（LN1238）改裝成的雷射彈道攔截實驗機YAL-1A。

Virgin Orbit

令人驚訝的「魔改」和多樣化用途
波音747＆空中巴士A380
世界各地的變種巨型機

波音747和空中巴士A380一般來說會製造成客機或貨機，
但其中也有為了特殊用途打造的機體。
大多是為了發動機開發的試驗機，也有擔任稀奇古怪任務的機體，
接下來就來介紹部分世界各地的「變種巨型機」吧

文＝Aki　照片＝Aki Archive（特記以外）

GE Aerospace

數量眾多，用途五花八門
波音747

運載過太空梭的兩架巨型機

[NASA]
Boeing747-123（N905NA）
Boeing747SR-46（N911NA）

「太空梭」從1977年8月到2011年7月為止，成功執行135次往返太空的任務。在基地間運送這架「太空梭」軌道載具（太空船本體）的就是兩架SCA（Shutter Carrier Aircraft）巨無霸客機。一架N905NA於1970年10月交付美國航空，NASA在1974年7月取得，使用至2012年秋天為止。另一架則是於1973年9月交付給JAL的747SR（JA8117），NASA在1988年秋天取得，使用到2012年2月，註冊編號為N911NA。

現在這兩架SCA飛機已經退役，N905NA展示在德州的休士頓太空中心（詹森太空中心的官方訪客中心），而N911NA則是展示在位於加州棕櫚谷的喬戴維斯飛機博物館（Joe Davies Heritage Airpark）。順帶一提，這兩架飛機的一部份零件給之後會提到的「飛行天文台」SOFIA（747SP）使用。

另一架SCA的N911NA原先是JAL的747SR。

N905NA目前於休士頓太空中心展示。

SCA的任務是背負著軌道載具，從著陸地點運送到位於佛羅里達州甘迺迪太空中心的發射基地。因此將機身做強化，也為了背負軌道載具而在上方加裝固定支柱。另外，重心位置在運送軌道載具時會移動，為了確保安全性，在水平尾翼上裝上垂直安定板。雖然拆掉了旅客座位，但是為需要跟著一起搭機移動的NASA相關人士，N905NA保留了頭等艙。

當搭載重量20噸以上的軌道載具時，實用升限約為4600公尺，速度大約在0.6馬赫，航程也限制在2130公里。不過，軌道載具的實際運送距離平均略低於1300公里。在裝卸軌道載具的時候，需要名為MDD（Mate-Demate Device）的特殊起重機。這個裝備設置在加州愛德華空軍基地內的阿姆斯壯飛行研究中心和甘迺迪太空中心之中。若是沒有MDD，就得動用好幾架起重機才能進行裝卸。

雖然SCA的主要任務是運送軌道載具，但2010年12月起也運送波音的「幻影鰩無人機」（Phantom Ray）。

搭載大口徑反射望遠鏡的「飛行天文台」
[NASA]
Boeing747SP-21(N747NA)SOFIA

NASA和德國DLR（德國航空太空中心）共同使用的平流層紅外線天文台，就是稱為「飛行天文台」的SOFIA（Stratospheric Observatory for Infrared Astronomy）。NASA在1997年10月取得的SOFIA，於2022年9月29日退居二線，但是太空總署決定在位於美國亞歷桑納州圖森市的皮馬航空航天博物館內進行展示。

SOFIA的機內搭載了直徑2.5公尺、安置在飛機內最大的反射望遠鏡，在不會受到水蒸氣影響的12500公尺高空進行觀測，研究行星、彗星、恆星以及星際物質。巨大的反射望遠鏡的開發工作由德國DLR主導，鏡片由德國的肖特集團（Schott）製造，法國的SAGEM-REOSC進行拋光，瑞士的電子與微技術中心（CESM）開發鏡片機構，從SOFIA的後方側面透過這檯望遠鏡進行觀測。

另一方面，NASA則是負責重修觀測機。1997年10月從USRA（大學宇宙研究協會）購入747SP，由E-Systems（現在的L-3通信整合系統公司，L-3 Communications Integrated Systems）改裝飛機。除了在機身後段加裝觀測用

SOFIA N747NA的巨大反射望遠鏡搭載於機身後段，在空中進行觀測。

的5.5×4.1公尺的機艙門之外，並且將反射望遠鏡設置在機身後段的壓力隔板後方。

N747NA本來是於1977年5月賣給泛美航空的N536PA，被命名為「林白快帆號」（Clipper Lindbergh），之後則轉賣給了聯合航空使用。兩個時期都是成田機場的常客，改裝成SOFIA的時候也繼承了「林白快帆號」的暱稱。NASA為了持續使用SOFIA，還買了一架N747A（原本是布蘭尼夫國際航空的747SP，N606BN）作為零件機，從2016年開始保存在美國加州的莫哈維（Mojave）。

「SPACEJET」發動機測試機
[普惠]
Boeing747SP-B5(C-GTFF/FTB4)

Pratt & Whitney

知名發動機製造商「普萊特和惠特尼」（Pratt & Whitney），簡稱「普惠」，將兩架波音747SP作為發動機的測試機，兩架飛機都註冊在美國西維吉尼亞州（West Virginia）的普惠公司底下，但實際運用卻是在加拿大的米拉貝爾（Mirabel）。

普惠雖然在2007年12月取得註冊編號C-GTFF，但是先暫時以N708BA的編碼註冊在普惠公司。開始運用要等到2010年，當時另外一架測試機已經取得了C-FPAW的註冊編號，所以這一架在實際使用時以「FTB4」（Flight Test Bed4）成為加拿大的註冊型號。原本1981年春天賣給大韓航空的747SP（HL7457），也曾經飛到日本。

C-GTFF在巨無霸客機中最具特徵的凸起處，也就是駕駛艙後方附近的右舷側，加裝了一架最大推力可以達到20000噸的測試用發動機。為了這一架測試用發動機，還特意加裝了一個小翼，其內部具有測試發動機用的資料傳輸線，並且為了供應燃油給測試發動

在右舷前方安裝測試用發動機的普惠FTB4。

機，藏有燃油管路。開發終止的三菱飛機「SPACEJET」上安裝的PW1200G齒輪式渦扇發動機，就是在這架C-GTFF上進行測試。當時PW1200G上寫著「PurePowerPW1200G」和「This Changes Everything」的標語。尾翼上漆了普惠公司的老鷹商標，機身上則是漆有「PRATT AND WHITNEY CANADA」的字樣，是747SP中少數的現役機。

PW1100G-JM等發動機的測試機

[普惠]
Boeing747SP-J6(C-FPAW/FTB3)

Pratt & Whitney

同樣作為發動機測試機，但是FTB3是將新發動機搭載在二號發動機的位置。

普惠公司擁有的另外一架發動機測試機就是C-FPAW。在2009年夏天取得的這架747SP，在1980年秋天賣給當時的中國民航（CAAC），以唯一註冊國為美國的SP（N1304E），曾經飛往日本成田機場。之後成為中國籍，由中國國際航空公司使用，2009年6月註冊到普惠公司底下，比前面提到的C-GTFF還早開始運用。普惠公司在使用747SP作為發動機測試機以前，是用兩架波音720來測試，所以C-FPAW就成為了「FTB3」。

顏色塗裝和C-GTFF一樣，尾翼有普惠公司的老鷹商標，和C-GTFF最大的差異就是駕駛艙後方右舷處沒有為了固定發動機而加裝的小翼。以這個層面來看，C-FPAW和一般的747SP在外表上沒有太大的差異。

另一方面，機身上面寫著大大的「PurePower Engines」，指的是普惠公司現在的主力發動機——齒輪式渦扇發動機（GTF）。也就是說，C-FPAW是測試GTF發動機用的飛機。安裝在C-GTFF上的PW1200G當然也是GTF發動機，但是C-FPAW上的PW1100G-JM推力超過20000噸（日本也參與研發），同時也對空巴A220的PW1500發動機進行飛行試驗。在飛行試驗的時候，747SP的第二台發動機會換成GTF發動機，所以在照片上可以看到第二台發動機長得不太一樣。

不過使用747SP當發動機測試機的只有普惠公司。理由據說是加拿大普惠公司的航務中心主管認為747SP的速度、航程、飛行高度最適合拿來作為測試機。

兩架747SP雖然都還作為測試機飛行中，但每年的平均飛行時間不多，只有250小時。

GE90的發動機測試機

[奇異航空]
Boeing747-121(N747GE)

奇異航空（GE Aviation）現在除了與勞斯萊斯分食中型機發動機市場，也與法國的賽峰集團（Safran S.A.）共同出資，一起組成CFMI國際（CFM

International），和普惠公司競食小型機發動機的市場。雖然孕育出稱為「二十世紀最佳經理人和最令人尊敬的執行長」——威爾許（Jack Welch）和推進數位化轉型的伊梅特（Jeff Immelt）等偉大的經營者，但現在被迫大幅調整營運方針。儘管如此，飛機發動機生產部門奇異航空依舊健在。

公司第一架測試發動機用的巨無霸客機，是泛美航空在1970年春天購入的N744PA，機名為「Clipper Star of The Union」後來重新命名為「Clipper Ocean Spray」。1992年奇異航空將此作為公司第一架發動機測試機，作為搭載GE90-115B發動機的波音777-300ER／-200ER、777F測試機。GE90-115B為747的第二台發動機。

在外觀上與客機時期沒有太大的變化，但是發動機直徑和其他三台由普惠公司製造的發動機JT9D-7A比起來明顯更大。順帶一提，一開始在機身塗上紅色飾線和飛機頭銜「GE Aircraft Engines」，尾翼也有奇異的商標「N747GE」，之後機身文字變成了「GE Propulsion Test Platform」，從尾翼到機身後段的塗裝變成淡藍色，尾翼上的商標也變成反白的設計。這架飛機目前已經退役，展示在位於亞利桑那的皮馬航空航天博物館中。

奇異航空的發動機測試機。二號發動機搭載了需要測試的發動機，其他則和客機時期沒有太多的變化。

成為最新發動機測試機的前JAL飛機

[奇異航空]
Boeing747-446(N747GF)

現在被奇異航空拿來作為發動機測試機是747-400的N747GF。這架巨無霸客機在1994年初交付JAL，一直飛行到2010年春天為止，是日本人熟識的飛機（原來編號JA8910）。奇異航空在2011年1月取得N356AS的註冊編號，同年年底變更成現在的N747GF。機身塗裝採用N747GE開始導入的「GE Propulsion Test Platform」（奇異推進測試平台）配色。

N747GF是波音777發動機GE9X的測試機，石川島播磨重工業（IHI）、賽峰集團、MTU腓德烈斯哈芬有限公司等航太公司都有參與競爭這個開發案。搭載在二號發動機位置上的GE9X，直徑跟其他三台CF6-80C2B1F發動機相比，

奇異航空從前一代747 Classic換成用747-400作為發動機測試機。

還是比較大。相較於GE9X的扇葉直徑為132英吋（約3.4公尺），CF-6的扇葉直徑只有106英吋（約2.7公尺）。GE9X的扇葉直徑擴大了約兩成，和GE90比起來也多1公分，推力達到102000磅，比CF6大了1.6倍以上。也就是說，N747GF的二號發動機位置搭載了比前一代N747GE更加進化且大型的新型發動機。但是777X因為GE9X的溫度感知器等發生問題，導致開發進度大幅落後。2022年的飛行試驗還一時停止，所幸在同年的12月中旬重啟。另外奇異航空也預定在CFMI開發的槳扇發動機（open rotor engine）搭載在A380上進行實際測驗之前，先用N747GF進行實驗。

第一架巨無霸發動機測試機

[勞斯萊斯]
Boeing747-267B(N787RR)

勞斯萊斯的發動機測試機，本來預計導入作為747-400的後繼機型，但計畫終止了。

最早將巨無霸客機作為發動機測試機的廠商是勞斯萊斯（Rolls Royce）。VR-HIA在1980年春天賣給國泰航空，之後轉籍到冰島的亞特蘭大冰島航空，然後輾轉到沙烏地阿拉伯航空和亞洲航空服役。2005年夏天轉註冊在勞斯萊斯北美廠底下，以「Spirit of Excellence」（卓越精神）之名作為發動機測試機活躍。安裝在這架飛機上的發動機，當然是勞斯萊斯的RB211-524D4。

現在，N787RR作為勞斯萊斯唯一的發動機測試機，從名稱就能看出是拿來替波音787研發Trent 1000發動機時，進行飛行測試用的巨無霸客機。Trent 1000的扇葉直徑為112英吋（約2.8公尺），比起RB211的86.3英吋（約2.2公尺）大了接近1.3倍，這架飛機也因為二號發動機的尺寸成了長相奇特的飛機。再加上在2021年10月，成功以100%使用World Energy公司從食用廢棄油所提煉的可持續航空燃油（sustainable aviation fuel，SAF）進行了飛行試驗。之後預定作為開發達索獵鷹10X（Dassault Falcon 10X）用的Pearl 10X發動機測試機。

但是，勞斯萊斯本來要在2019年底取得前澳洲航空的747-400（VH-OJU→N7474RR）作為N787RR的繼任測試機，還為了要搭載開發中的ULTRA FAN發動機（史上最大的發動機），在美國摩西湖市（Moses Lake）進行改裝。這架飛機的機體和普惠公司的C-GTFF一樣，採用在右舷加裝小翼來搭載測試用發動機的設計。但由於新冠肺炎疫情的影響，令人遺憾的是勞斯萊斯在2022年決定取消導入N747RR，無法實現勞斯萊斯的「變種747-400」。

彈道飛彈攔截系統的測試機
[美國空軍]
Boeing747-4G4F(YAL-1A/00-0001)

在特殊的變種大型機當中，最令人感到「恐懼」的就是美國空軍開發的「YAL-1A」吧。美國國防部在2004年命名為「YAL-1A」的飛機是為了拿來測試用千瓩（MW）級雷射破壞處於推升段（Boost Phase，飛彈發射後進入大氣層，並耗盡火箭推進燃料的階段）的戰區彈道飛彈（TBM）機載雷射系統，這是依據1983年美國雷根總統的演說而開啟的戰略防禦計畫（SDI，亦稱星戰計畫），所研究出來的雷射武器系統。機內搭載了氣體雷射之一的化學氧碘雷射（chemical oxygen iodine laser，COIL）。COIL是燃燒過氧化氫、氫化鈉和氯的混合物，發出近紅外線雷射的高性能、高效率雷射系統。但是會放出大量影響臭氧層的鹵素化合物，也是需要處理的課題。

美國空軍在2001年使用存放於莫哈維的前印度航空的巨無霸客機（AL-1），在愛德華空軍測試中心的系統整合實驗室（SIL）進行了50次以上的實驗，終於將COIL搭載到實機上。到了2002年，波音對747-400F進行改造，為了搭載COIL而改裝了機身後段，並且把機身中央部分作為化學藥品的保管所，前面則設置了戰場管理室。另外，飛行甲板底下設置了光束控制系統，機鼻安裝了雷射砲塔。

大幅改造後的「YAL-1A」在2002年7月首飛，2004年在地面上進行COIL發射試驗。之後被編入愛德華空軍基地內的第417飛行測試中隊「空中雷射綜合測試軍」。2007年春天在飛行中發射雷射成功命中，年底將六架COIL搭載在「YAL-1L」上。

但是之後，「YAL-1L」本質上的問題就顯露出來了。舉例來說，要截擊處於推升段的飛彈，需要10～20架的747，而且需要在敵對國家的國境內繞行，以

彈道飛彈攔截系統的測試機YAL-1A，看起來就是長相怪異的飛機。

成本來說，一架巨型機要15億美金，使用時產生的花費一年大約1億美金。試算下來最終判斷這個計畫不太現實，美國空軍在2010年沒有要求編列預算，結果計畫就終止了。現在「YAL-1A」保留在圖森的戴維斯·蒙森空軍基地。於是用雷射截擊飛彈的方式，就朝著無人機的方向進行。

順帶一提，變成「AL-1」的前印度航空747，最後的去向不明，除了有可能當作零件機賣給其他航空公司之外，也有可能是和VT-EDU以及退役時間不明的VT-EFU、VT-EGA、VT-EGB、VT-EGC搞混。

在空中發射火箭的「宇宙女孩」

[維珍軌道]
Boeing 747-41R(N744VG)

在二號發動機和機身之間搭載著火箭，從空中發射的「宇宙女孩」。

近年最特別的「變種巨無霸客機」當屬維珍軌道（Virgin Orbit）的747-400「宇宙女孩」（Cosmic Girl）。

成立於2017年3月的維珍軌道，主要提供利用飛機發射小型衛星的服務。同年7月取得自2001年秋天就服役於維珍航空的747-400「宇宙女孩」。維珍航空一直運用到2015年10月，隔月一度賣給了太空旅遊公司維珍銀河，改裝成火箭發射機之後，又註冊回維珍軌道名下。

維珍軌道的「宇宙女孩」在左翼的二號發動機與機身中間，加裝了可以發射小型衛星火箭「發射者1號」（Launcher One）的懸架系統。這個位置從以前就是巨無霸客機要運送發動機時，所謂「五號發動機」的懸吊場所。2020年4月的實驗雖然失敗了，但在2021年1月第一次發射成功，將10顆小型立方衛星送入低軌道（Low Earth Orbit，LEO）。該年11月的時候，全日空與維珍軌道簽署關於發射人造衛星的合作備忘錄。

到2022年7月為止，成功發射了4次衛星，但都是在美國加州莫哈維的航空及太空港進行發射。雖然在英國、巴西、澳洲都有發射地點，但是2020年4月決定和日本大分機場進行「水平式宇宙港」的開發計畫。另外，因為烏克蘭危機爆發，認為低軌道衛星發射需求會增加的關係，2022年5月又再發表追加2架747-400的計畫。據報導有可能拿前日本行政專機來使用。

另外，2023年1月10日在英國康瓦爾（Cornwall）太空港的水平發射中，母機747的「發射者1號」雖然發射成功，但是火箭沒有進入軌道，遺憾的是這次行動以失敗告終。

世界唯一的KC747空中加油機
[伊朗空軍]
Boeing 747-131[SF](5-8103)

提到美國的空中加油機，可能會聯想到日本自衛隊的KC-46及正在服役的KC-10、KC-135等飛機吧。不過其實以前還有稱為KC-22和KC-33，以747為基礎改造的空中加油機專案，結果由於規格定得太高，所以無法實現。成本太高，用途又非常有限，再加上是否真的需要在空中補給這麼大量的燃油也是個問題，這些就是最後放棄的原因。

不過，距離美國非常遙遠，而且還是某個強烈對抗美國的敵對國家卻曾經實際用過747空中加油機，那就是伊朗。

話雖如此，開發空中加油機的還是美國。1972年7月6日，美國在作為研究平台使用的747原型機（RA-001）上加裝了可在空中加油的伸縮套管，與SR-71「黑鳥」（955）偵察機進行注油伸縮套管的對接確認。當然，這是為了開發空中加油機KC747所實施的試驗，後來空軍因為實用性較高等理由採用了KC-10，沒有成功實現747版本的空中加油機。但是，波音之後持續討論在747-400F上安裝KC-135R的伸縮套管，並且加裝空對空加油（Ait-to-Air Refuelling，AAR）控制台和燃料電池的KC-33計畫。但這個計畫也因為KC-767登場，在紙上談兵的階段就結束了。

另一方面，波音在1975年春天時，取得當初於1970年交付環球航空的N93113（原本是美國東方航空下的訂單，但後來取消的747飛機），並且改造成貨機，以5-282的編號交付給了當時走親歐美路線的伊朗國王巴勒維（Mohammad Reza Pahlavi）掌管的空軍。雖然從照片上看來，5-282沒有空中加油伸縮套管，但隔年變成5-8103的同架飛機上，多了空中加油管。雖然一直無法確認是否具備空對空加油系統，但以結果來說，伊朗空軍的5-8103是世界上唯一的747空中加油機。

這架747空中加油機在1979年的伊朗革命後也持續使用，之後好幾次變成註冊在民間的飛機。最後在2016年秋天，編號換成了EP-CQB，空中加油的伸縮套管依舊保留了下來。直到2021年退役，現存世界唯一的747空中加油機，就保存在德黑蘭機場裡。

在已開發國家美國撤消的747空中加油機，卻實現於敵對國家伊朗，有如一場諷刺劇。

第一架活躍於撲滅森林大火的巨型機
[長青國際航空]
Boeing 747-132[SF]（N479EV）

改造成空中滅火機，但沒有投入撲滅森林大火任務的N470EV。

作為「超級滅火機」活躍在撲滅森林大火的N479EV。

隨著近年來的氣候變遷，世界各地多次發生森林火災。尤其是美國加州、地中海沿岸、澳洲、亞馬遜雨林和俄羅斯等地都有大規模的森林火災，帶來了巨大的災害。因此，可以在空中投放水、森林火災用滅火劑等等的「空中滅火機」（Air Tanker）便活躍在各地。這些滅火機包含世界大戰中使用的螺旋槳飛機等等，大都是舊的運輸機，且容易受到森林大火中產生的上升氣流所影響而墜機。現在則是使用DC10和MD-80系列等前客機來作為「空中滅火機」。

在這些飛機當中，規模最大，也是第一架作為空中滅火機的巨無霸客機就是長青國際航空的N479EV「超級滅火機」（Super Tanker）。當初長青國際航空是把另外一架飛機747-273C（N470EV）作為超級滅火機，但它並沒有實際執行空中滅火任務，所以實質上第一架執行任務的超級滅火機要屬N479EV。可以在空中投放19600加侖（約74000公升，共7400個10公升水桶的份量）的水和滅火劑。

N479EV原本於1970年代交付給達美航空，之後轉籍到中華航空（B-1860）和泛美航空（N725PA），也曾經飛往日本過。然後於1992年秋天開始作為「超級滅火機」執行撲滅森林大火的任務，於2011年退役。長青國際航空也於2013年破產倒閉，現在N479EV則保留了「超級滅火機」的塗裝，存放在莫哈維。

活躍於撲滅森林大火的前JAL 747-400

[長青國際航空]
Boeing 747-446[BCF](N744ST)

初代「超級滅火機」退役後，各地還是陸續發生大規模的森林大火，於是登場的就是第二代巨無霸空中滅火機「全球超級滅火機」（Global Super Tanker）。這架飛機的前身是JAL的JA8086，由長青國際航空於2012年取得，但是公司隔年就倒閉了。持有「全球超級滅火機」的投資集團GSTS（Global Super Tanker Service）便成為新的主人。

新款的「全球超級滅火機」雖然可以投放2萬公升的滅火劑和水，但是FAA規定最多只能搭載19200公升，而且之後上限還調降到17500公升。不過想想伊留申（Ilyushin）IL-76的最大酬載量只有11574公升、DC-10也只有9400公升，就能知道「全球超級滅火機」到底有多厲害了。

世界最大的「全球超級滅火機」不只負責美國的火災，也活躍於智利、玻利維亞等南美洲各國的滅火作業。舉例來說，觀察2020年春天到2021年初的出勤狀況，可以發現8、9月份的案件特別多，這兩個月的飛行次數都達到50次以上，飛行時間也多到50個小時。考量到6、7、10月的飛行次數都不達15次，就知道夏天會有較多大規模的森林火災。

這架「全球超級滅火機」也在2021年初的時候退役，遺憾的是現在不存在任何一架以巨無霸飛機改造成的空中滅火機。不過退役後的「全球超級滅火機」沒有放在莫哈維沙漠的飛機墳場裡，而是在2021年9月開始成為美國國家航空的貨機（N936CA），在新冠肺炎疫情期間從事貨物運輸的工作，並且重新塗上30周年紀念的塗裝，保留「全球超級滅火機」時期的配色繼續飛行，也有飛往日本的成田機場和中部國際機場。

也會飛到日本的前N744ST，現在是一般的貨機N936CA。

前JAL的JA8086，改造成空中滅火機N744ST。

持續投入新型發動機的測試

空中巴士A380

── CFMI的槳扇發動機測試機 ──

[空中巴士]
Airbus A380-841

空中巴士的超大型機A380在2021年停產。由於新冠肺炎疫情擴大導致大型機的需求劇減，A380相繼退役，在2023年初還有活動的A380雖然總共有133架，但其實近半數都退役了。再加上對手747也在2022年停產，超大型機的時代可以說已經結束了，A380之後也只剩下在沙漠老朽的命運……。不，至少有兩架A380預計成為通往未來的橋梁。

其中一架就是作為奇異航空和賽峰集團共同出資的CFMI所開發槳扇發動機的測試機。傳統的渦扇發動機會將沒有流入發動機的空氣，與流入發動機內部的空氣的比例擴大，也就是藉由擴大「旁通比」來改善油耗表現。拔掉風扇導管，直接讓超大型的渦扇裸露在外、擴大旁通比的就是所謂的槳扇發動機（open rotor engine）。

在CFMI稱為RISE的「永續發動機的革命性創新」（Revolutionary Innovation for Sustainable Engines）技術驗證專案中，槳扇發動機旁通比可達70：1，是現有LEAP發動機的7倍，也作為LEAP的後繼發動機持續開發中。這台發動機將以2023年登場的新世代小型機為主要目標，油耗性能將比初期的CFM56提升近20％，接下來也預定把A380的二號發動機換成最新的槳扇發動機來進行實際飛行驗證。還有，之前也計畫使用奇異航空的747測試機（N747GF）來進行實驗。

如果實際飛行檢驗將利用註冊在空中巴士底下的A380，這樣一來除了當作氫燃料飛機開發的MSN001之外，使用MSN002或MSN004來測試槳扇發動機的機率很高。

在二號發動機位置換上槳扇發動機的A380實證試驗機想像圖。　　　　　　　　　　　　　　　　　Airbus

氫渦輪＆氫燃料電池推進系統的測試機
[空中巴士]
A380-841（F-WWOW/MSN001）

將氫渦輪發動機安裝在左舷後段的A380想像圖。

2022年2月，空中巴士發表了A380「ZEROe demonstrator」計畫。這個計畫是將編號MSN001（F-WWOW）的首架A380，當成以液態氫為燃料的氫渦輪發動機實證試驗機。這是空中巴士和CFMI的共同專案，兩間公司總共投入了100名以上的研究人員。

氫渦輪發動機是以奇異航空的「PASSPORT」發動機（給龐巴迪的Global 7500/8000用的發動機）為基礎，適配RISE開發出來的燃燒器、改裝燃料系統和控制系統。這個氫渦輪發動機安裝在左舷機身後段的小翼上。另外，機身後段加裝了儲存液態氫的極低溫油箱（-235度的鋁合金或是CFRP製品），駕駛艙的節流閥也經過改裝，追加氫燃料監控設備。實際的飛行實驗預計在2026年進行。

再加上11月底的「2022空中巴士高峰論壇」（Airbus Summit 2022）中，也發表了要將MSN001作為氫燃料電池推進系統的測試機。空中巴士和製作汽車燃料電池的德國公司ElringKlinger合資，設立以開發飛機用燃料電池為主的公司——Aerostack。

氫燃料電池推進系統適合乘客數約100名，航程約1000海里（約1852公里）的渦槳發動機。而在實際飛行驗證之時，會安裝在上述以「PASSPORT」發動機為基礎改良的氫渦輪發動機相同的地方，預計在2027～2028年進行實際飛行驗證。關於作為燃料的液態氫，則由以太空火箭知名的阿麗亞娜集團協助，計畫在法國土魯斯（Toulouse）的布拉尼亞克（Blagnac）機場增設相關設施。

決定擔任實證試驗機的MSN001，也用在SAF的實證飛行中。

在地面重獲新生的「變種飛機」

咖啡廳、餐廳、旅館、住宅⋯⋯

過去稱為「JUMBO HOSTEL」的斯德哥爾摩「JUMBO STAY」，是陸續在新加坡航空和泛美航空服務過的747-200B。

在泰國的時髦咖啡廳 美國則是變成壽司餐廳？

變種大型機不只在空中飛翔，結束空中的勤務後，在地面度過餘生的飛機也不少。

這當中有許多747正在泰國度過餘生。在曼谷蘇凡納布國際機場附近就有一架用前聯合航空的N187UA、前泰國東方航空的HS-STA重新打造成的咖啡廳。店名為「747 Café」，純白色的簡樸巨型機上只在機鼻塗上「747 Café」的店名和標誌，機內則變成非常時髦的咖啡廳，入場費120泰銖。另外，還有一架作為地標的前泰國國際航空HS-TGT、洛克希德L-1011（N388LS）一起坐鎮在北部的CHIC CHIC Market中。

另一方面，大約在兩年前曾浮現一項企畫，想將長年以來存放於美國亞利桑那州圖森市的馬拉納皮納爾機場（Marana Pinal Airpark）內的前比利時航空747-300M（OO-SGC），轉型成壽司餐廳。發起人是前雷神公司的日本工程師，預定拆掉主翼和垂直尾翼，將只保留機身的飛機作為壽司餐廳，但到了2023年初還沒有開業。

變身旅館的巨無霸客機 A380也計畫變為旅館

把巨型機作為旅館最有名的是從瑞典的斯德哥爾摩──阿蘭達機場（Stockholm-Arlanda Airport），走路只要15分的「JUMBO STAY」（最初叫JUMBO HOSTEL）。原本於1976年春天交付新加坡航空的9V-SQE，之後活躍於泛美航空等各大航空公司，持有人花費300萬美金將飛機改裝成旅館，並於2009年1月開始營業。總共有33個房

展示在荷蘭史基浦機場附近的科倫登別墅飯店中，這架前荷蘭皇家航空的747-400不是旅館設施，而是飯店的地標，是一座非常巨大的「招牌」。

間，76張床舖，以前的頭等艙變成可以吃早餐的咖啡廳，標準房間單人房一個晚上約3500元。

同樣是旅館，也有將前荷蘭皇家航空的PH-BFB作為地標而聞名全球。現在置於荷蘭阿姆斯特丹史基浦機場附近的科倫登別墅飯店（Corendon Village Hotel）的中庭，並且漆上了科倫登的商標配色。

再來就是法國的土魯斯布拉尼亞克機場（Toulouse-Blagnac Airport）附近也有將A380作為旅館、稱之為「Envergure」（翼展）的專案正在進行。預計在2024年開業，計畫在兩層客艙的機內設置31個房間，其中兩間是高級套房。在空中巴士總公司所在地土魯斯的旅館，光是這樣對飛機迷來說，就是非常期待的專案了。

在美國則是將747的機翼作為私人住宅的屋頂

另一方面，以富裕階層廣為人知的加州馬里布文圖拉郡內，有一間使用747的主翼和水平尾翼打造而成的特殊住宅。稱為「747 WING HOUSE」的房子是美國知名建築師赫茲（David Hertz）以不妨礙這個地區的美麗景緻為理念所建造而成。以懸臂梁的構造將主翼和水平尾翼作為懸空屋頂，屋內不用支撐梁，也減少必要的牆壁數量，是一種可以避免妨礙視野的設計。主翼作為主屋的屋頂、寢室和浴室則使用水平尾翼作為懸空屋頂。主翼和尾翼來自於1970年4月交付環球航空的N93106，之後則是寶塔航空使用的飛機，赫茲以3萬美元購得。

其他還有將前泛美航空的飛機（N747PA），後來轉到奈及利亞的卡博航空和阿根廷空郵公司服役的747，在10年前作為餐廳放在首爾東邊的南楊州市。漆上有如空軍一號的塗裝，噴著「JUMBO 747」的標語，尾翼畫上星星符號，機鼻還寫了創立泛美航空的知名美國企業家特里普（Juan Trippe）的名字，光看照片會發現機身相當髒。之後這個謎樣餐廳的機鼻與機尾被放在同樣位於南楊州市的教會裡，現在同址已經變成公園，也無法確認巨無霸客機的去向了。

順帶一提，成田機場旁邊的航空科學博物館內收藏的747機鼻，乍看之下很像一號機的RA001，但實際上原本是西南航空的N642NW。

「Projet ENVERGURE」（Projet是Project的法文）的網站上公布將A380作為旅館的想像示意圖。

位於美國加州的「WING HOUSE」是建築師的私人住宅，將747巨大的主翼和水平尾翼作為屋頂使用。

73

「巨無霸客機王國」全182架 彩色攝影

隸屬過日本的航空公司
波音747全機名冊

在日本的航空公司註冊的巨無霸客機之中，ANA的波音747-400在2014年退役後，客機型747就杳無蹤跡了。現在只剩日本貨物航空還有8架貨機型747-8F正在執行勤務。

不過由於機場設施無法趕上暴增的航空需求，飛機又需要運輸大量的旅客，所以過去的日本也有「巨無霸客機王國」的美名。

身為極少數連國內線都有許多巨無霸客機飛航的國家，波音還專門為日本研發短程型的747SR和747-400D。不過747當然也作為主力機型活躍於國際航線，其中，日本航空的108架飛機訂單，成為全世界最大的巨無霸客機客戶。

15～20年前左右，羽田機場和成田機場都排滿機身龐大的巨無霸客機。

接著就來看看妝點「巨無霸客機王國」的全182架飛機照片相簿吧！

照片＝查理古庄、松廣清、阿施光南、佐藤言夫、小久保陽一、AKI archive、Ikaros archive

※依照註冊日期由舊到新排列。JA8151和JA8937是同一架飛機（註銷後又再度註冊）
※照片不一定是最後營運的航空公司

隸屬過日本的航空公司 **波音747全機名冊**

［註冊編號］JA8101　　　　　［型號］Boeing747-146
［製造編號］19725/31　　　　［最後營運公司］日本航空
［註冊日期］1970/04/22　　　［註銷日期］1992/06/09

［註冊編號］JA8102　　　　　［型號］Boeing747-146
［製造編號］19726/51　　　　［最後營運公司］日本航空
［註冊日期］1970/05/28　　　［註銷日期］1992/06/03

［註冊編號］JA8103　　　　　［型號］Boeing747-146
［製造編號］19727/54　　　　［最後營運公司］日本亞細亞航空
［註冊日期］1970/06/26　　　［註銷日期］1992/12/22

［註冊編號］JA8104　　　　　［型號］Boeing747-246B
［製造編號］19823/116　　　 ［最後營運公司］日本航空
［註冊日期］1971/02/11　　　［註銷日期］2000/08/31

［註冊編號］JA8105　　　　　［型號］Boeing747-246B
［製造編號］19824/122　　　 ［最後營運公司］日本航空
［註冊日期］1971/03/01　　　［註銷日期］1999/06/28

［註冊編號］JA8106　　　　　［型號］Boeing747-246B
［製造編號］19825/137　　　 ［最後營運公司］日本航空
［註冊日期］1971/05/14　　　［註銷日期］1999/03/31

［註冊編號］JA8107　　　　　［型號］Boeing747-146（SF）
［製造編號］20332/161　　　 ［最後營運公司］日本航空
［註冊日期］1971/10/28　　　［註銷日期］1992/06/24

［註冊編號］JA8108　　　　　［型號］Boeing747-246B
［製造編號］20333/166　　　 ［最後營運公司］日本航空
［註冊日期］1971/11/30　　　［註銷日期］1999/12/15

［註冊編號］JA8109　　　　　［型號］Boeing747-246B
［製造編號］20503/180　　　 ［最後營運公司］日本航空
［註冊日期］1972/03/02　　　［註銷日期］1973/01/24

［註冊編號］JA8110　　　　　［型號］Boeing747-246B
［製造編號］20504/181　　　 ［最後營運公司］日本航空
［註冊日期］1972/03/13　　　［註銷日期］1999/12/10

75

[註冊編號] JA8111	[型號] Boeing747-246B
[製造編號] 20505/182	[最後營運公司] 日線航空
[註冊日期] 1972/03/21	[註銷日期] 2001/06/26

[註冊編號] JA8112	[型號] Boeing747-146
[製造編號] 20528/191	[最後營運公司] 日本航空
[註冊日期] 1972/06/14	[註銷日期] 1993/06/22

[註冊編號] JA8113	[型號] Boeing747-246B
[製造編號] 20529/192	[最後營運公司] 日本航空
[註冊日期] 1972/06/30	[註銷日期] 1999/01/29

[註冊編號] JA8115	[型號] Boeing747-146
[製造編號] 20531/197	[最後營運公司] 日本航空
[註冊日期] 1972/10/04	[註銷日期] 1999/04/27

[註冊編號] JA8114	[型號] Boeing747-246B
[製造編號] 20530/196	[最後營運公司] 日本航空
[註冊日期] 1972/11/03	[註銷日期] 2001/11/02

[註冊編號] JA8116	[型號] Boeing747-146
[製造編號] 20532/199	[最後營運公司] 日本航空
[註冊日期] 1972/12/08	[註銷日期] 2002/02/01

[註冊編號] JA8117	[型號] Boeing747SR-46
[製造編號] 20781/221	[最後營運公司] 日本航空
[註冊日期] 1973/09/26	[註銷日期] 1988/04/15

[註冊編號] JA8118	[型號] Boeing747SR-46
[製造編號] 20782/229	[最後營運公司] 日本航空
[註冊日期] 1973/12/21	[註銷日期] 1988/04/01

[註冊編號] JA8119	[型號] Boeing747SR-46
[製造編號] 20783/230	[最後營運公司] 日本航空
[註冊日期] 1974/02/19	[註銷日期] 1985/08/19

[註冊編號] JA8120	[型號] Boeing747SR-46
[製造編號] 20784/231	[最後營運公司] 日本航空
[註冊日期] 1974/02/20	[註銷日期] 1990/04/10

隸屬過日本的航空公司 **波音747全機名冊**

[註冊編號] JA8121　　[型號] Boeing747SR-46
[製造編號] 20923/234　[最後營運公司] 日本航空
[註冊日期] 1974/03/28　[註銷日期] 1990/05/19

[註冊編號] JA8122　　[型號] Boeing747-246B
[製造編號] 20924/235　[最後營運公司] 日本航空
[註冊日期] 1974/03/29　[註銷日期] 1996/01/31

[註冊編號] JA8123　　[型號] Boeing747-246F
[製造編號] 21034/243　[最後營運公司] 日本航空
[註冊日期] 1974/09/17　[註銷日期] 2002/04/17

[註冊編號] JA8124　　[型號] Boeing747SR-46
[製造編號] 21032/249　[最後營運公司] 日本航空
[註冊日期] 1974/11/22　[註銷日期] 1994/03/17

[註冊編號] JA8125　　[型號] Boeing747-246B
[製造編號] 21030/251　[最後營運公司] 日本航空
[註冊日期] 1974/12/17　[註銷日期] 1997/12/17

[註冊編號] JA8126　　[型號] Boeing747SR-46
[製造編號] 21033/254　[最後營運公司] 日本航空
[註冊日期] 1975/04/02　[註銷日期] 1990/12/19

[註冊編號] JA8127　　[型號] Boeing747-246B
[製造編號] 21031/255　[最後營運公司] 日本航空
[註冊日期] 1975/05/16　[註銷日期] 2004/01/14

[註冊編號] JA8128　　[型號] Boeing747-146
[製造編號] 21029/259　[最後營運公司] 日線航空
[註冊日期] 1975/06/26　[註銷日期] 2003/08/05

[註冊編號] JA8134　　[型號] Boeing747SR-81
[製造編號] 21605/351　[最後營運公司] 全日空
[註冊日期] 1978/12/21　[註銷日期] 1995/02/23

[註冊編號] JA8133　　[型號] Boeing747SR-81
[製造編號] 21604/346　[最後營運公司] 全日空
[註冊日期] 1978/12/22　[註銷日期] 1994/12/15

77

[註冊編號] JA8135　　　[型號] Boeing747SR-81
[製造編號] 21606/360　[最後營運公司] 全日空
[註冊日期] 1979/03/01　[註銷日期] 1999/11/10

[註冊編號] JA8129　　　[型號] Boeing747-246B
[製造編號] 21678/361　[最後營運公司] 日本亞細亞航空
[註冊日期] 1979/03/07　[註銷日期] 2003/12/12

[註冊編號] JA8130　　　[型號] Boeing747-246B
[製造編號] 21679/376　[最後營運公司] 日本亞細亞航空
[註冊日期] 1979/06/15　[註銷日期] 2005/10/18

[註冊編號] JA8131　　　[型號] Boeing747-246B
[製造編號] 21680/380　[最後營運公司] 日本航空
[註冊日期] 1979/06/29　[註銷日期] 2007/03/19

[註冊編號] JA8132　　　[型號] Boeing747-246F
[製造編號] 21681/382　[最後營運公司] 日本航空
[註冊日期] 1979/07/28　[註銷日期] 2006/03/28

[註冊編號] JA8137　　　[型號] Boeing747SR-81
[製造編號] 21923/395　[最後營運公司] 全日空
[註冊日期] 1979/09/06　[註銷日期] 1999/02/10

[註冊編號] JA8136　　　[型號] Boeing747SR-81
[製造編號] 21922/393　[最後營運公司] 全日空
[註冊日期] 1979/10/11　[註銷日期] 1999/01/18

[註冊編號] JA8140　　　[型號] Boeing747-246B
[製造編號] 22064/407　[最後營運公司] 日本航空
[註冊日期] 1979/11/09　[註銷日期] 2005/09/27

[註冊編號] JA8141　　　[型號] Boeing747-246B
[製造編號] 22065/411　[最後營運公司] 日本航空
[註冊日期] 1979/12/04　[註銷日期] 2007/05/01

[註冊編號] JA8138　　　[型號] Boeing747SR-81
[製造編號] 21924/420　[最後營運公司] 全日空
[註冊日期] 1980/01/17　[註銷日期] 2001/10/18

78

隸屬過日本的航空公司 **波音747全機名冊**

[註冊編號] JA8142
[製造編號] 22066/426
[註冊日期] 1980/02/01
[型號] Boeing747-146B/SR
[最後營運公司] 日本航空
[註銷日期] 1998/04/02

[註冊編號] JA8143
[製造編號] 022067/427
[註冊日期] 1980/02/15
[型號] Boeing747-146B/SR
[最後營運公司] 日本航空
[註銷日期] 1998/12/16

[註冊編號] JA8139
[製造編號] 21925/422
[註冊日期] 1980/02/18
[型號] Boeing747SR-81
[最後營運公司] 全日空
[註銷日期] 2002/02/28

[註冊編號] JA8144
[製造編號] 22063/432
[註冊日期] 1980/03/18
[型號] Boeing747-246F
[最後營運公司] 日本航空
[註銷日期] 1995/04/20

[註冊編號] JA8145
[製造編號] 22291/453
[註冊日期] 1980/05/19
[型號] Boeing747SR-81
[最後營運公司] 全日空
[註銷日期] 2002/09/20

[註冊編號] JA8146
[製造編號] 22292/456
[註冊日期] 1980/06/17
[型號] Boeing747SR-81
[最後營運公司] 全日空
[註銷日期] 2003/07/30

[註冊編號] JA8147
[製造編號] 22293/477
[註冊日期] 1980/11/26
[型號] Boeing747SR-81
[最後營運公司] 全日空
[註銷日期] 2004/05/11

[註冊編號] JA8148
[製造編號] 22294/481
[註冊日期] 1980/11/26
[型號] Boeing747SR-81
[最後營運公司] 全日空
[註銷日期] 2004/11/16

[註冊編號] JA8149
[製造編號] 22478/489
[註冊日期] 1981/03/16
[型號] Boeing747-246B
[最後營運公司] 日線航空
[註銷日期] 2003/12/15

[註冊編號] JA8150
[製造編號] 022479/496
[註冊日期] 1981/03/20
[型號] Boeing747-246B
[最後營運公司] 日線航空
[註銷日期] 2007/12/17

[註冊編號] JA8151（後JA8937） [製造編號] 22477/494 [註冊日期] 1981/04/16	[型號] Boeing747-246F [最後營運公司] 日本航空 [註銷日期] 1994/08/25
[註冊編號] JA8153 [製造編號] 22595/516 [註冊日期] 1981/05/29	[型號] Boeing747SR-81 [最後營運公司] 全日空 [註銷日期] 2004/10/29
[註冊編號] JA8152 [製造編號] 22594/511 [註冊日期] 1981/06/30	[型號] Boeing747SR-81 [最後營運公司] 全日空 [註銷日期] 2004/09/28
[註冊編號] JA8154 [製造編號] 22745/547 [註冊日期] 1981/11/18	[型號] Boeing747-246B [最後營運公司] 日本亞細亞航空 [註銷日期] 2006/03/31
[註冊編號] JA8155 [製造編號] 22746/548 [註冊日期] 1981/12/16	[型號] Boeing747-246B [最後營運公司] 日本亞細亞航空 [註銷日期] 2006/11/27
[註冊編號] JA8158 [製造編號] 22711/559 [註冊日期] 1982/06/18	[型號] Boeing747SR-81（SF） [最後營運公司] 日本貨物航空（ANA轉讓） [註銷日期] 02006/02/17
[註冊編號] JA8157 [製造編號] 22710/544 [註冊日期] 1982/06/25	[型號] Boeing747SR-81 [最後營運公司] 全日空 [註銷日期] 2006/03/27
[註冊編號] JA8156 [製造編號] 22709/541 [註冊日期] 1982/07/15	[型號] Boeing747SR-81 [最後營運公司] 全日空 [註銷日期] 2004/07/15
[註冊編號] JA8160 [製造編號] 21744/392 [註冊日期] 1982/10/30	[型號] Boeing747-221F [最後營運公司] 日本航空 [註銷日期] 2007/09/14
[註冊編號] JA811J [製造編號] 22989/571 [註冊日期] 1982/12/15	[型號] Boeing747-246F [最後營運公司] 日本航空 [註銷日期] 2008/11/13

隸屬過日本的航空公司 **波音747全機名冊**

[註冊編號] JA8162　　　[型號] Boeing747-246B
[製造編號] 22991/581　 [最後營運公司] 日本航空
[註冊日期] 1983/06/07　[註銷日期] 2007/04/18

[註冊編號] JA8161　　　[型號] Boeing747-246B（SF）
[製造編號] 22990/579　 [最後營運公司] 日本航空
[註冊日期] 1983/06/17　[註銷日期] 2007/04/17

[註冊編號] JA8159　　　[型號] Boeing747SR-81
[製造編號] 22712/572　 [最後營運公司] 全日空
[註冊日期] 1983/07/12　[註銷日期] 2005/05/24

[註冊編號] JA812J（元N212JL）[型號] Boeing747-346
[製造編號] 23067/588　 [最後營運公司] 日本航空
[註冊日期] 1983/11/30　[註銷日期] 2009/10/16

[註冊編號] JA813J（原N213JL）[型號] Boeing747-346
[製造編號] 23068/589　 [最後營運公司] 日本航空
[註冊日期] 1983/12/09　[註銷日期] 2010/01/15

[註冊編號] JA8165　　　[型號] Boeing747-221F
[製造編號] 21743/384　 [最後營運公司] 日本航空
[註冊日期] 1983/12/21　[註銷日期] 2007/05/01

[註冊編號] JA8164　　　[型號] Boeing747-146B/SR
[製造編號] 23150/601　 [最後營運公司] 日本航空
[註冊日期] 1984/12/05　[註銷日期] 2005/12/19

[註冊編號] JA8163　　　[型號] Boeing747-346
[製造編號] 23149/599　 [最後營運公司] 日本航空
[註冊日期] 1984/12/07　[註銷日期] 2008/05/26

[註冊編號] JA8167　　　[型號] Boeing747-281F
[製造編號] 23138/604　 [最後營運公司] 日本貨物航空
[註冊日期] 1984/12/14　[註銷日期] 2006/09/01

[註冊編號] JA8166　　　[型號] Boeing747-346
[製造編號] 23151/607　 [最後營運公司] 日本航空
[註冊日期] 1985/02/05　[註銷日期] 2009/09/18

81

[註冊編號] JA8168　　　　　　[型號] Boeing747-281F
[製造編號] 23139/608　　　　[最後營運公司] 日本貨物航空
[註冊日期] 1985/03/01　　　　[註銷日期] 2006/04/24

[註冊編號] JA8172　　　　　　[型號] Boeing747-281F
[製造編號] 23350/623　　　　[最後營運公司] 日本貨物航空
[註冊日期] 1985/10/16　　　　[註銷日期] 2007/11/30

[註冊編號] JA8169　　　　　　[型號] Boeing747-246B（SF）
[製造編號] 23389/635　　　　[最後營運公司] 日本航空
[註冊日期] 1986/03/20　　　　[註銷日期] 2008/08/14

[註冊編號] JA8170　　　　　　[型號] Boeing747-146B/SUD
[製造編號] 23390/636　　　　[最後營運公司] 日本航空
[註冊日期] 1986/03/25　　　　[註銷日期] 2006/12/01

[註冊編號] JA8173　　　　　　[型號] Boeing747-346
[製造編號] 23482/640　　　　[最後營運公司] 日本航空
[註冊日期] 1986/04/16　　　　[註銷日期] 2007/02/05

[註冊編號] JA8174　　　　　　[型號] Boeing747-281B
[製造編號] 23501/648　　　　[最後營運公司] 全日空
[註冊日期] 1986/06/26　　　　[註銷日期] 2005/11/24

[註冊編號] JA8175　　　　　　[型號] Boeing747-281B
[製造編號] 23502/649　　　　[最後營運公司] 全日空
[註冊日期] 1986/07/03　　　　[註銷日期] 2006/02/02

[註冊編號] JA8171　　　　　　[型號] Boeing747-246F
[製造編號] 23391/654　　　　[最後營運公司] 日本航空
[註冊日期] 1986/08/29　　　　[註銷日期] 2009/10/19

[註冊編號] JA8176　　　　　　[型號] Boeing747-146B/SUD
[製造編號] 23637/655　　　　[最後營運公司] 日本航空
[註冊日期] 1986/09/10　　　　[註銷日期] 2006/04/20

[註冊編號] JA8177　　　　　　[型號] Boeing747-346
[製造編號] 23638/658　　　　[最後營運公司] 日本航空
[註冊日期] 1986/10/03　　　　[註銷日期] 2009/07/27

［註冊編號］JA8178　　　　［型號］Boeing747-346
［製造編號］23639/664　　［最後營運公司］日本航空
［註冊日期］1986/12/16　　［註銷日期］2006/09/29

［註冊編號］JA8181　　　　［型號］Boeing747-281B（SF）
［製造編號］23698/667　　［最後營運公司］日本貨物航空（ANA轉讓）
［註冊日期］1986/12/23　　［註銷日期］2008/03/31

［註冊編號］JA8179　　　　［型號］Boeing747-346
［製造編號］23640/668　　［最後營運公司］日本航空
［註冊日期］1987/02/06　　［註銷日期］2007/07/23

［註冊編號］JA8182　　　　［型號］Boeing747-281B（SF）
［製造編號］23813/683　　［最後營運公司］日本貨物航空（ANA轉讓）
［註冊日期］1987/07/14　　［註銷日期］2008/03/31

［註冊編號］JA8180　　　　［型號］Boeing747-246F
［製造編號］23641/684　　［最後營運公司］日本航空
［註冊日期］1987/08/12　　［註銷日期］2008/05/16

［註冊編號］JA8183　　　　［型號］Boeing747-346SR
［製造編號］23967/692　　［最後營運公司］日本航空
［註冊日期］1987/12/11　　［註銷日期］2009/08/20

［註冊編號］JA8188　　　　［型號］Boeing747-281F
［製造編號］23919/689　　［最後營運公司］日本貨物航空
［註冊日期］1988/01/27　　［註銷日期］2008/02/18

［註冊編號］JA8184　　　　［型號］Boeing747-346SR
［製造編號］23968/693　　［最後營運公司］日本航空
［註冊日期］1988/01/29　　［註銷日期］2008/11/12

［註冊編號］JA8186　　　　［型號］Boeing747-346SR
［製造編號］24018/694　　［最後營運公司］日本航空
［註冊日期］1988/02/10　　［註銷日期］2008/10/29

［註冊編號］JA8187　　　　［型號］Boeing747-346SR
［製造編號］24019/695　　［最後營運公司］日線航空
［註冊日期］1988/02/22　　［註銷日期］2007/07/04

[註冊編號] JA8185　　　[型號] Boeing747-346
[製造編號] 23969/691　[最後營運公司] 日本航空
[註冊日期] 1988/03/08　[註銷日期] 2009/11/11

[註冊編號] JA8189　　　[型號] Boeing747-346
[製造編號] 24156/716　[最後營運公司] 日本亞細亞航空
[註冊日期] 1988/10/19　[註銷日期] 2007/07/23

[註冊編號] JA8190　　　[型號] Boeing747-281B（SF）
[製造編號] 24399/750　[最後營運公司] 日本貨物航空（ANA 轉讓）
[註冊日期] 1989/08/11　[註銷日期] 2008/03/31

[註冊編號] JA8071　　　[型號] Boeing747-446
[製造編號] 24423/758　[最後營運公司] 日本航空
[註冊日期] 1990/01/26　[註銷日期] 2010/09/16

[註冊編號] JA8072　　　[型號] Boeing747-446(BCF)
[製造編號] 24424/760　[最後營運公司] 日本航空
[註冊日期] 1990/01/26　[註銷日期] 2010/01/14

[註冊編號] JA8073　　　[型號] Boeing747-446
[製造編號] 24425/767　[最後營運公司] 日本航空
[註冊日期] 1990/02/20　[註銷日期] 2010/10/19

[註冊編號] JA8074　　　[型號] Boeing747-446
[製造編號] 24426/768　[最後營運公司] 日本航空
[註冊日期] 1990/02/27　[註銷日期] 2010/10/27

[註冊編號] JA8075　　　[型號] Boeing747-446
[製造編號] 24427/780　[最後營運公司] 日本航空
[註冊日期] 1990/03/31　[註銷日期] 2010/09/21

[註冊編號] JA8076　　　[型號] Boeing747-446
[製造編號] 24777/797　[最後營運公司] 日本航空
[註冊日期] 1990/07/11　[註銷日期] 2010/10/13

[註冊編號] JA8077　　　[型號] Boeing747-446
[製造編號] 24784/798　[最後營運公司] 日本航空
[註冊日期] 1990/07/11　[註銷日期] 2011/04/12

隸屬過日本的航空公司 **波音747全機名冊**

[註冊編號] JA8094
[製造編號] 24801/805
[註冊日期] 1990/08/29
[型號] Boeing747-481
[最後營運公司] 全日空
[註銷日期] 2007/04/17

[註冊編號] JA8095
[製造編號] 24833/812
[註冊日期] 1990/10/11
[型號] Boeing747-481
[最後營運公司] 全日空
[註銷日期] 2008/04/11

[註冊編號] JA8191
[製造編號] 24576/818
[註冊日期] 1990/11/07
[型號] Boeing747-281F
[最後營運公司] 日本貨物航空
[註銷日期] 2007/01/25

[註冊編號] JA8192
[製造編號] 22579/514
[註冊日期] 1990/11/15
[型號] Boeing747-2D3B（SF）
[最後營運公司] 日本貨物航空（ANA轉讓）
[註銷日期] 2007/04/03

[註冊編號] JA8078
[製造編號] 24870/821
[註冊日期] 1990/11/20
[型號] Boeing747-446
[最後營運公司] 日本航空
[註銷日期] 2010/11/30

[註冊編號] JA8079
[製造編號] 24885/824
[註冊日期] 1990/12/06
[型號] Boeing747-446
[最後營運公司] 日本航空
[註銷日期] 2010/11/25

[註冊編號] JA8080
[製造編號] 24886/825
[註冊日期] 1990/12/13
[型號] Boeing747-446
[最後營運公司] 日本航空
[註銷日期] 2010/05/27

[註冊編號] JA8096
[製造編號] 24920/832
[註冊日期] 1991/02/06
[型號] Boeing747-481
[最後營運公司] 全日空
[註銷日期] 2009/07/24

[註冊編號] JA8081
[製造編號] 25064/851
[註冊日期] 1991/05/14
[型號] Boeing747-44
[最後營運公司] 日本航空
[註銷日期] 2011/05/30

[註冊編號] JA8193
[製造編號] 21940/457
[註冊日期] 1991/06/25
[型號] Boeing747-212B（SF）
[最後營運公司] 日本航空
[註銷日期] 2008/01/04

85

［註冊編號］JA8097　　　　　　［型號］Boeing747-481
［製造編號］25135/863　　　　 ［最後營運公司］全日空
［註冊日期］1991/07/12　　　　［註銷日期］2009/10/09

［註冊編號］JA8098　　　　　　［型號］Boeing747-481
［製造編號］25207/870　　　　 ［最後營運公司］全日空
［註冊日期］1991/08/22　　　　［註銷日期］2010/12/09

［註冊編號］JA8082　　　　　　［型號］Boeing747-446
［製造編號］25212/871　　　　 ［最後營運公司］日本航空
［註冊日期］1991/08/28　　　　［註銷日期］2010/12/09

［註冊編號］JA8091（自衛隊飛機編號20-1101）
［型號］Boeing747-47C　　　　　［製造編號］24730/816
［最後營運公司］（航空自衛隊・行政專機）
［註冊日期］1991/09/18　　　　［註銷日期］1992/04/10

［註冊編號］JA8085　　　　　　［型號］Boeing747-446
［製造編號］25260/876　　　　 ［最後營運公司］日本航空
［註冊日期］1991/09/25　　　　［註銷日期］2011/01/07

［註冊編號］JA8083　　　　　　［型號］Boeing747-446D
［製造編號］25213/844　　　　 ［最後營運公司］日本航空
［註冊日期］1991/10/11　　　　［註銷日期］2010/10/15

［註冊編號］JA8084　　　　　　［型號］Boeing747-446D
［製造編號］25214/879　　　　 ［最後營運公司］日本航空
［註冊日期］1991/10/15　　　　［註銷日期］2011/03/15

［註冊編號］JA8086　　　　　　［型號］Boeing747-446
［製造編號］25308/885　　　　 ［最後營運公司］日本航空
［註冊日期］1991/11/11　　　　［註銷日期］2010/10/01

［註冊編號］JA8092（自衛隊飛機編號20-1102）
［型號］Boeing747-47C　　　　　［製造編號］24731/839
［最後營運公司］(航空自衛隊・行政專機)
［註冊日期］1991/11/19　　　　［註銷日期］1992/04/10

［註冊編號］JA8194　　　　　　［型號］Boeing747-281F
［製造編號］25171/886　　　　 ［最後營運公司］日本貨物航空
［註冊日期］1991/11/20　　　　［註銷日期］2007/01/30

86

隸屬過日本的航空公司 **波音747全機名冊**

[註冊編號] JA8099
[製造編號] 25292/891
[註冊日期] 1992/01/14
[型號] Boeing747-481D
[最後營運公司] 全日空
[註銷日期] 2012/05/07

[註冊編號] JA8087
[製造編號] 26346/897
[註冊日期] 1992/02/19
[型號] Boeing747-446
[最後營運公司] 日本航空
[註銷日期] 2011/03/16

[註冊編號] JA8088
[製造編號] 26341/902
[註冊日期] 1992/02/25
[型號] Boeing747-446
[最後營運公司] 日本航空
[註銷日期] 2011/05/30

[註冊編號] JA8089
[製造編號] 26342/905
[註冊日期] 1992/03/12
[型號] Boeing747-446
[最後營運公司] 日本航空
[註銷日期] 2011/06/29

[註冊編號] JA8090
[製造編號] 26347/907
[註冊日期] 1992/03/27
[型號] Boeing747-446D
[最後營運公司] 日本航空
[註銷日期] 2010/06/10

[註冊編號] JA8955
[製造編號] 25639/914
[註冊日期] 1992/05/13
[型號] Boeing747-481D
[最後營運公司] 全日空
[註銷日期] 2008/11/26

[註冊編號] JA8901
[製造編號] 26343/918
[註冊日期] 1992/06/02
[型號] Boeing747-446
[最後營運公司] 日本航空
[註銷日期] 2010/09/17

[註冊編號] JA8956
[製造編號] 25640/920
[註冊日期] 1992/06/10
[型號] Boeing747-481D
[最後營運公司] 全日空
[註銷日期] 2012/12/14

[註冊編號] JA8957
[製造編號] 25642/927
[註冊日期] 1992/07/16
[型號] Boeing747-481D
[最後營運公司] 全日空
[註銷日期] 2013/10/28

[註冊編號] JA8958
[製造編號] 25641/928
[註冊日期] 1992/08/12
[型號] Boeing747-481
[最後營運公司] 全日空
[註銷日期] 2011/05/26

87

[註冊編號] JA8902　　　　　[型號] Boeing747-446(BCF)
[製造編號] 26344/929　　　[最後營運公司] 日本航空
[註冊日期] 1992/08/20　　　[註銷日期] 2011/01/20

[註冊編號] JA8903　　　　　[型號] Boeing747-446D
[製造編號] 26345/935　　　[最後營運公司] 日本航空
[註冊日期] 1992/09/16　　　[註銷日期] 2010/11/02

[註冊編號] JA8904　　　　　[型號] Boeing747-446D
[製造編號] 26348/941　　　[最後營運公司] 日本航空
[註冊日期] 1992/11/04　　　[註銷日期] 2010/06/24

[註冊編號] JA8905　　　　　[型號] Boeing747-446D
[製造編號] 26349/948　　　[最後營運公司] 日本航空
[註冊日期] 1992/12/02　　　[註銷日期] 2010/07/15

[註冊編號] JA8959　　　　　[型號] Boeing747-481D
[製造編號] 25646/952　　　[最後營運公司] 全日空
[註冊日期] 1993/01/12　　　[註銷日期] 2012/10/15

[註冊編號] JA8906　　　　　[型號] Boeing747-446(BCF)
[製造編號] 26350/961　　　[最後營運公司] 日本航空
[註冊日期] 1993/03/02　　　[註銷日期] 2010/11/17

[註冊編號] JA8907　　　　　[型號] Boeing747-446D
[製造編號] 26351/963　　　[最後營運公司] 日本航空
[註冊日期] 1993/03/03　　　[註銷日期] 2010/08/02

[註冊編號] JA8960　　　　　[型號] Boeing747-481D
[製造編號] 25643/972　　　[最後營運公司] 全日空
[註冊日期] 1993/05/12　　　[註銷日期] 2014/03/31

[註冊編號] JA8961　　　　　[型號] Boeing747-481D
[製造編號] 25644/975　　　[最後營運公司] 全日空
[註冊日期] 1993/05/14　　　[註銷日期] 2014/04/18

[註冊編號] JA8908　　　　　[型號] Boeing747-446D
[製造編號] 26352/978　　　[最後營運公司] 日本航空
[註冊日期] 1993/06/02　　　[註銷日期] 2010/12/15

隸屬過日本的航空公司 **波音747全機名冊**

[註冊編號] JA8962
[製造編號] 25645/979
[註冊日期] 1993/06/04
[型號] Boeing747-481
[最後營運公司] 全日空
[註銷日期] 2011/01/25

[註冊編號] JA8909
[製造編號] 26353/980
[註冊日期] 1993/06/08
[型號] Boeing747-446(BCF)
[最後營運公司] 日本航空
[註銷日期] 2010/12/06

[註冊編號] JA8963
[製造編號] 25647/991
[註冊日期] 1993/09/01
[型號] Boeing747-481D
[最後營運公司] 全日空
[註銷日期] 2011/08/03

[註冊編號] JA8964
[製造編號] 27163/996
[註冊日期] 1994/03/25
[型號] Boeing747-481D
[最後營運公司] 全日空
[註銷日期] 2011/11/16

[註冊編號] JA8910
[製造編號] 26355/1024
[註冊日期] 1994/03/30
[型號] Boeing747-446
[最後營運公司] 日本航空
[註銷日期] 2010/12/13

[註冊編號] JA8911
[製造編號] 26356/1026
[註冊日期] 日本航空
[型號] Boeing747-446(BCF)
[最後營運公司] 日本航空
[註銷日期] 2010/12/14

[註冊編號] JA8912
[製造編號] 27099/1031
[註冊日期] 1994/06/01
[型號] Boeing747-446
[最後營運公司] 日本航空
[註銷日期] 2010/07/14

[註冊編號] JA8965
[製造編號] 27436/1060
[註冊日期] 1995/04/25
[型號] Boeing747-481D
[最後營運公司] 全日空
[註銷日期] 2013/06/28

[註冊編號] JA8966
[製造編號] 27442/1066
[註冊日期] 1995/12/12
[型號] Boeing747-481D
[最後營運公司] 全日空
[註銷日期] 2014/01/20

[註冊編號] JA401A
[製造編號] 28282/1133
[註冊日期] 1997/11/14
[型號] Boeing747-481(D)
[最後營運公司] 全日空
[註銷日期] 2008/07/24

89

[註冊編號] JA402A　　　　　[型號] Boeing747-481(D)
[製造編號] 28283/1142　　　[最後營運公司] 全日空
[註冊日期] 1998/01/30　　　[註銷日期] 2007/10/02

[註冊編號] JA8913　　　　　[型號] Boeing747-446
[製造編號] 26359/1153　　　[最後營運公司] 日本航空
[註冊日期] 1998/05/01　　　[註銷日期] 2010/06/30

[註冊編號] JA8914　　　　　[型號] Boeing747-446
[製造編號] 26360/1166　　　[最後營運公司] 日本航空
[註冊日期] 1998/07/24　　　[註銷日期] 2010/11/18

[註冊編號] JA8915　　　　　[型號] Boeing747-446(BCF)
[製造編號] 26361/1188　　　[最後營運公司] 日本航空
[註冊日期] 1998/12/02　　　[註銷日期] 2010/12/15

[註冊編號] JA8937（原JA8151）[型號] Boeing747-246F
[製造編號] 22477/494　　　　[最後營運公司] 日本航空
[註冊日期] 1999/01/13　　　 [註銷日期] 2008/03/14

[註冊編號] JA403A　　　　　[型號] Boeing747-481
[製造編號] 29262/1199　　　[最後營運公司] 全日空
[註冊日期] 1999/02/26　　　[註銷日期] 2008/06/24

[註冊編號] JA8916　　　　　[型號] Boeing747-446
[製造編號] 26362/1202　　　[最後營運公司] 日本航空
[註冊日期] 1999/03/19　　　[註銷日期] 2011/01/24

[註冊編號] JA404A　　　　　[型號] Boeing747-481
[製造編號] 29263/1204　　　[最後營運公司] 全日空
[註冊日期] 1999/03/31　　　[註銷日期] 2007/04/25

[註冊編號] JA8917　　　　　[型號] Boeing747-446
[製造編號] 29899/1208　　　[最後營運公司] 日本航空
[註冊日期] 1999/04/21　　　[註銷日期] 2011/05/17

[註冊編號] JA8918　　　　　[型號] Boeing747-446
[製造編號] 27650/1234　　　[最後營運公司] 日本航空
[註冊日期] 1999/11/22　　　[註銷日期] 2011/06/23

隸屬過日本的航空公司 **波音747全機名冊**

[註冊編號] JA8919 [製造編號] 27100/1236 [註冊日期] 1999/12/17 [型號] Boeing747-446 [最後營運公司] 日本航空 [註銷日期] 2010/09/16	[註冊編號] JA405A [製造編號] 30322/1250 [註冊日期] 2000/06/29 [型號] Boeing747-481 [最後營運公司] 全日空 [註銷日期] 2007/10/31
[註冊編號] JA8920 [製造編號] 27648/1253 [註冊日期] 2000/08/18 [型號] Boeing747-446 [最後營運公司] 日本航空 [註銷日期] 2011/08/04	[註冊編號] JA8921 [製造編號] 27645/1262 [註冊日期] 2000/12/20 [型號] Boeing747-446 [最後營運公司] 日本航空 [註銷日期] 2011/03/07
[註冊編號] JA8922 [製造編號] 27646/1280 [註冊日期] 2001/08/01 [型號] Boeing747-446 [最後營運公司] 日本航空 [註銷日期] 2011/10/19	[註冊編號] JA401J [製造編號] 33748/1351 [註冊日期] 2004/10/13 [型號] Boeing747-446F [最後營運公司] 日本航空 [註銷日期] 2010/11/17
[註冊編號] JA402J [製造編號] 33749/1352 [註冊日期] 2004/10/29 [型號] Boeing747-446F [最後營運公司] 日本航空 [註銷日期] 2010/11/19	[註冊編號] JA01KZ [製造編號] 34016/1360 [註冊日期] 2005/06/16 [型號] Boeing747-481F [最後營運公司] 日本貨物航空 [註銷日期] 2014/08/04
[註冊編號] JA02KZ [製造編號] 34017/1363 [註冊日期] 2005/08/26 [型號] Boeing747-481F [最後營運公司] 日本貨物航空 [註銷日期] 2013/06/06	[註冊編號] JA03KZ [製造編號] 34018/1378 [註冊日期] 2006/10/02 [型號] Boeing747-481F [最後營運公司] 日本貨物航空 [註銷日期] 2014/09/16

[註冊編號] JA04KZ　　　[型號] Boeing747-481F
[製造編號] 34283/1384　[最後營運公司] 日本貨物航空
[註冊日期] 2007/03/22　[註銷日期] 2017/08/02

[註冊編號] JA05KZ　　　[型號] Boeing747-4KZF
[製造編號] 36132/1394　[最後營運公司] 日本貨物航空
[註冊日期] 2007/10/30　[註銷日期] 2019/02/19

[註冊編號] JA06KZ　　　[型號] Boeing747-4KZF
[製造編號] 36133/1397　[最後營運公司] 日本貨物航空
[註冊日期] 2007/12/21　[註銷日期] 2018/11/07

[註冊編號] JA07KZ　　　[型號] Boeing747-4KZF
[製造編號] 36134/1405　[最後營運公司] 日本貨物航空
[註冊日期] 2008/05/30　[註銷日期] 2016/11/02

[註冊編號] JA08KZ　　　[型號] Boeing747-4KZF
[製造編號] 36135/1408　[最後營運公司] 日本貨物航空
[註冊日期] 2008/08/01　[註銷日期] 2018/11/08

[註冊編號] JA13KZ　　　[型號] Boeing747-8KZF
[製造編號] 36138/1431　[最後營運公司] 日本貨物航空
[註冊日期] 2012/07/26　[註銷日期] 現役運行

[註冊編號] JA12KZ　　　[型號] Boeing747-8KZF
[製造編號] 36137/1422　[最後營運公司] 日本貨物航空
[註冊日期] 2012/12/21　[註銷日期] 現役運行

[註冊編號] JA11KZ　　　[型號] Boeing747-8KZF
[製造編號] 36136/1421　[最後營運公司] 日本貨物航空
[註冊日期] 2013/10/31　[註銷日期] 現役運行

[註冊編號] JA14KZ　　　[型號] Boeing747-8KZF
[製造編號] 37394/1469　[最後營運公司] 日本貨物航空
[註冊日期] 2013/11/19　[註銷日期] 現役運行

[註冊編號] JA15KZ　　　[型號] Boeing747-8KZF
[製造編號] 36139/1479　[最後營運公司] 日本貨物航空
[註冊日期] 2013/12/18　[註銷日期] 現役運行

[註冊編號] JA18KZ
[製造編號] 36141/1489
[註冊日期] 2014/10/24
[型號] Boeing747-8KZF
[最後營運公司] 日本貨物航空
[註銷日期] 現役運行

[註冊編號] JA16KZ
[製造編號] 37393/1485
[註冊日期] 2014/11/18
[型號] Boeing747-8KZF
[最後營運公司] 日本貨物航空
[註銷日期] 現役運行

[註冊編號] JA17KZ
[製造編號] 36140/1487
[註冊日期] 2014/12/17
[型號] Boeing747-8KZF
[最後營運公司] 日本貨物航空
[註銷日期] 現役運行

■日本的航空公司註冊的波音747一覽表

※按照註冊編號順序排列
※行政專機為導入時作為總理府持有機所註冊的編號。註銷日期只是編號註銷日期，而不是退役日期。
※在日本註冊共有182架飛機，JA8151賣給美國後，又賣回日本以JA8937的編號重新註冊，所以共有183架。

註冊編號	型號	製造編號	最後營運公司	註冊日期	註銷日期
JA8071	Boeing747-446	24423/758	日本航空	1990/01/26	2010/09/16
JA8072	Boeing747-446(BCF)	24424/760	日本航空	1990/01/26	2010/01/14
JA8073	Boeing747-446	24425/767	日本航空	1990/02/20	2010/10/19
JA8074	Boeing747-446	24426/768	日本航空	1990/02/27	2010/10/27
JA8075	Boeing747-446	24427/780	日本航空	1990/03/31	2010/09/21
JA8076	Boeing747-446	24777/797	日本航空	1990/07/11	2010/10/13
JA8077	Boeing747-446	24784/798	日本航空	1990/07/11	2011/04/12
JA8078	Boeing747-446	24870/821	日本航空	1990/11/20	2010/11/30
JA8079	Boeing747-446	24885/824	日本航空	1990/12/06	2010/11/25
JA8080	Boeing747-446	24886/825	日本航空	1990/12/13	2010/05/27
JA8081	Boeing747-446	25064/851	日本航空	1991/05/14	2011/05/30
JA8082	Boeing747-446	25212/871	日本航空	1991/08/28	2010/12/09
JA8083	Boeing747-446D	25213/844	日本航空	1991/10/11	2010/10/15
JA8084	Boeing747-446D	25214/879	日本航空	1991/10/15	2011/03/15
JA8085	Boeing747-446	25260/876	日本航空	1991/09/25	2011/01/07
JA8086	Boeing747-446	25308/885	日本航空	1991/11/11	2010/10/01
JA8087	Boeing747-446	26346/897	日本航空	1992/02/19	2011/03/16
JA8088	Boeing747-446	26341/902	日本航空	1992/02/25	2011/05/30
JA8089	Boeing747-446	26342/905	日本航空	1992/03/12	2011/06/29
JA8090	Boeing747-446D	26347/907	日本航空	1992/03/27	2010/06/10
JA8091 （自衛隊飛機編號20-1101）	Boeing747-47C	24730/816	（航空自衛隊・行政專機）	1991/09/18	1992/04/10
JA8092 （自衛隊飛機編號20-1102）	Boeing747-47C	24731/839	（航空自衛隊・行政專機）	1991/11/19	1992/04/10
JA8094	Boeing747-481	24801/805	全日空	1990/08/29	2007/04/17
JA8095	Boeing747-481	24833/812	全日空	1990/10/11	2008/04/11
JA8096	Boeing747-481	24920/832	全日空	1991/02/06	2009/07/24
JA8097	Boeing747-481	25135/863	全日空	1991/07/12	2009/10/09
JA8098	Boeing747-481	25207/870	全日空	1991/08/22	2010/12/09
JA8099	Boeing747-481D	25292/891	全日空	1992/01/14	2012/05/07
JA8101	Boeing747-146	19725/31	日本航空	1970/04/22	1992/06/09
JA8102	Boeing747-146	19726/51	日本航空	1970/05/28	1992/06/03
JA8103	Boeing747-146	19727/54	日本亞細亞航空	1970/06/26	1992/12/22
JA8104	Boeing747-246B	19823/116	日本航空	1971/02/11	2000/08/31
JA8105	Boeing747-246B	19824/122	日本航空	1971/03/01	1999/06/28
JA8106	Boeing747-246B	19825/137	日本航空	1971/05/14	1999/03/31
JA8107	Boeing747-146(SF)	20332/161	日本航空	1971/10/28	1992/06/24

93

註冊編號	型號	製造編號	最後營運公司	註冊日期	註銷日期
JA8108	Boeing747-246B	20333/166	日本航空	1971/11/30	1999/12/15
JA8109	Boeing747-246B	20503/180	日本航空	1972/03/02	1973/01/24
JA8110	Boeing747-246B	20504/181	日本航空	1972/03/13	1999/12/10
JA8111	Boeing747-246B	20505/182	日線航空	1972/03/21	2001/06/26
JA8112	Boeing747-146	20528/191	日本航空	1972/06/14	1993/06/22
JA8113	Boeing747-246B	20529/192	日本航空	1972/09/30	1999/01/29
JA8114	Boeing747-246B	20530/196	日本航空	1972/11/03	2001/11/02
JA8115	Boeing747-146	20531/197	日本航空	1972/10/04	1999/04/27
JA8116	Boeing747-146	20532/199	日本航空	1972/12/08	2002/02/01
JA8117	Boeing747SR-46	20781/221	日本航空	1973/09/26	1988/04/15
JA8118	Boeing747SR-46	20782/229	日本航空	1973/12/21	1988/04/01
JA8119	Boeing747SR-46	20783/230	日本航空	1974/02/19	1985/08/19
JA8120	Boeing747SR-46	20784/231	日本航空	1974/02/20	1990/04/10
JA8121	Boeing747SR-46	20923/234	日本航空	1974/03/28	1990/05/19
JA8122	Boeing747-246B	20924/235	日本航空	1974/03/29	1996/01/31
JA8123	Boeing747-246F	21034/243	日本航空	1974/09/17	2002/04/17
JA8124	Boeing747SR-46	21032/249	日本航空	1974/11/22	1994/03/17
JA8125	Boeing747-246B	21030/251	日本航空	1974/12/17	1997/12/17
JA8126	Boeing747SR-46	21033/254	日本航空	1975/04/02	1990/12/19
JA8127	Boeing747-246B	21031/255	日本航空	1975/05/16	2004/01/14
JA8128	Boeing747-146	21029/259	日線航空	1975/06/26	2003/08/05
JA8129	Boeing747-246B	21678/361	日本亞細亞航空	1979/03/07	2003/12/12
JA8130	Boeing747-246B	21679/376	日本亞細亞航空	1979/06/15	2005/10/18
JA8131	Boeing747-246B	21680/380	日本航空	1979/06/29	2007/03/19
JA8132	Boeing747-246F	21681/382	日本航空	1979/07/28	2006/03/28
JA8133	Boeing747SR-81	21604/346	全日空	1978/12/22	1994/12/15
JA8134	Boeing747SR-81	21605/351	全日空	1978/12/21	1995/02/23
JA8135	Boeing747SR-81	21606/360	全日空	1979/03/01	1999/11/10
JA8136	Boeing747SR-81	21922/393	全日空	1979/10/11	1999/01/18
JA8137	Boeing747SR-81	21923/395	全日空	1979/09/06	1999/02/10
JA8138	Boeing747SR-81	21924/420	全日空	1980/01/17	2001/10/18
JA8139	Boeing747SR-81	21925/422	全日空	1980/02/18	2002/02/28
JA8140	Boeing747-246B	22064/407	日本航空	1979/11/09	2005/09/27
JA8141	Boeing747-246B	22065/411	日本航空	1979/12/04	2007/05/01
JA8142	Boeing747-146B/SR	22066/426	日本航空	1980/02/01	1998/04/02
JA8143	Boeing747-146B/SR	22067/427	日本航空	1980/02/15	1998/12/16
JA8144	Boeing747-246F	22063/432	日本航空	1980/03/18	1995/04/20
JA8145	Boeing747SR-81	22291/453	全日空	1980/05/19	2002/09/20
JA8146	Boeing747SR-81	22292/456	全日空	1980/06/17	2003/07/30
JA8147	Boeing747SR-81	22293/477	全日空	1980/11/26	2004/05/11
JA8148	Boeing747SR-81	22294/481	全日空	1980/11/26	2004/11/16
JA8149	Boeing747-246B	22478/489	日線航空	1981/03/16	2003/12/15
JA8150	Boeing747-246B	22479/496	日線航空	1981/03/20	2007/12/17
JA8151（後JA8937）	Boeing747-246F	22477/494	日本航空	1981/04/16	1994/08/25
JA8152	Boeing747SR-81	22594/511	全日空	1981/06/30	2004/09/28
JA8153	Boeing747SR-81	22595/516	全日空	1981/05/29	2004/10/29
JA8154	Boeing747-246B	22745/547	日本亞細亞航空	1981/11/18	2006/03/31
JA8155	Boeing747-246B	22746/548	日本亞細亞航空	1981/12/16	2006/11/27
JA8156	Boeing747SR-81	22709/541	全日空	1982/07/15	2004/07/15
JA8157	Boeing747SR-81	22710/544	全日空	1982/06/25	2006/03/27
JA8158	Boeing747SR-81(SF)	22711/559	日本貨物航空(ANA轉讓)	1982/06/18	2006/02/17
JA8159	Boeing747SR-81	22712/572	全日空	1983/07/12	2005/05/24
JA8160	Boeing747-221F	21744/392	日本航空	1982/10/30	2007/09/14
JA8161	Boeing747-246B(SF)	22990/579	日本航空	1983/06/17	2007/04/17
JA8162	Boeing747-246F	22991/581	日本航空	1983/06/07	2007/04/18
JA8163	Boeing747-346	23149/599	日本航空	1984/12/07	2008/05/26
JA8164	Boeing747-146B/SR	23150/601	日本航空	1984/12/05	2005/12/19
JA8165	Boeing747-221F	21743/384	日本航空	1983/12/21	2007/05/01
JA8166	Boeing747-346	23151/607	日本航空	1985/02/05	2009/09/18
JA8167	Boeing747-281F	23138/604	日本貨物航空	1984/12/14	2006/09/01
JA8168	Boeing747-281F	23139/608	日本貨物航空	1985/03/01	2006/04/24
JA8169	Boeing747-246B(SF)	23389/635	日本航空	1986/03/20	2008/08/14
JA8170	Boeing747-146B/SUD	23390/636	日本航空	1986/03/25	2006/12/01
JA8171	Boeing747-246F	23391/654	日本航空	1986/08/29	2009/10/19
JA8172	Boeing747-281F	23350/623	日本貨物航空	1985/10/16	2007/11/30
JA8173	Boeing747-346	23482/640	日本航空	1986/04/16	2007/02/05
JA8174	Boeing747-281B	23501/648	全日空	1986/06/26	2005/11/24
JA8175	Boeing747-281B	23502/649	全日空	1986/07/03	2006/02/02
JA8176	Boeing747-146B/SUD	23637/655	日本航空	1986/09/10	2006/04/20
JA8177	Boeing747-346	23638/658	日本航空	1986/10/03	2009/07/27
JA8178	Boeing747-346	23639/664	日本航空	1986/12/16	2006/09/29
JA8179	Boeing747-346	23640/668	日本航空	1987/02/06	2007/07/23
JA8180	Boeing747-246F	23641/684	日本航空	1987/08/12	2008/05/16
JA8181	Boeing747-281B(SF)	23698/667	日本貨物航空(ANA轉讓)	1986/12/23	2008/03/31

註冊編號	型號	製造編號	最後營運公司	註冊日期	註銷日期
JA8182	Boeing747-281B(SF)	23813/683	日本貨物航空(ANA轉讓)	1987/07/14	2008/03/31
JA8183	Boeing747-346SR	23967/692	日本航空	1987/12/11	2009/08/20
JA8184	Boeing747-346SR	23968/693	日本航空	1988/01/29	2008/11/12
JA8185	Boeing747-346	23969/691	日本航空	1988/03/08	2009/11/11
JA8186	Boeing747-346SR	24018/694	日本航空	1988/02/10	2008/10/29
JA8187	Boeing747-346SR	24019/695	日本線航空	1988/02/22	2007/07/04
JA8188	Boeing747-281F	23919/689	日本貨物航空	1988/01/27	2008/02/18
JA8189	Boeing747-346	24156/716	日本亞細亞航空	1988/10/19	2007/07/23
JA8190	Boeing747-281B(SF)	24399/750	日本貨物航空(ANA轉讓)	1989/08/11	2008/03/31
JA8191	Boeing747-281F	24576/818	日本貨物航空	1990/11/07	2007/01/25
JA8192	Boeing747-2D3B(SF)	22579/514	日本貨物航空(ANA轉讓)	1990/11/15	2007/04/03
JA8193	Boeing747-212B(SF)	21940/457	日本航空	1991/06/25	2008/01/04
JA8194	Boeing747-281F	25171/886	日本貨物航空	1991/11/20	2007/01/30
JA8901	Boeing747-446	26343/918	日本航空	1992/06/02	2010/09/17
JA8902	Boeing747-446(BCF)	26344/929	日本航空	1992/08/20	2011/01/20
JA8903	Boeing747-446D	26345/935	日本航空	1992/09/16	2010/11/02
JA8904	Boeing747-446D	26348/941	日本航空	1992/11/04	2010/06/24
JA8905	Boeing747-446D	26349/948	日本航空	1992/12/02	2010/07/15
JA8906	Boeing747-446(BCF)	26350/961	日本航空	1993/03/02	2010/11/17
JA8907	Boeing747-446D	26351/963	日本航空	1993/03/03	2010/08/02
JA8908	Boeing747-446D	26352/978	日本航空	1993/06/02	2010/12/15
JA8909	Boeing747-446(BCF)	26353/980	日本航空	1993/06/08	2010/12/06
JA8910	Boeing747-446	26355/1024	日本航空	1994/03/30	2010/12/13
JA8911	Boeing747-446(BCF)	26356/1026	日本航空	1994/03/31	2010/12/14
JA8912	Boeing747-446	27099/1031	日本航空	1994/06/01	2010/07/14
JA8913	Boeing747-446	26359/1153	日本航空	1998/05/01	2010/06/30
JA8914	Boeing747-446	26360/1166	日本航空	1998/07/24	2010/11/18
JA8915	Boeing747-446(BCF)	26361/1188	日本航空	1998/12/02	2010/12/15
JA8916	Boeing747-446	26362/1202	日本航空	1999/03/19	2011/01/24
JA8917	Boeing747-446	29899/1208	日本航空	1999/04/21	2011/05/17
JA8918	Boeing747-446	27650/1234	日本航空	1999/11/22	2011/06/23
JA8919	Boeing747-446	27100/1236	日本航空	1999/12/17	2010/09/16
JA8920	Boeing747-446	27648/1253	日本航空	2000/08/18	2011/08/04
JA8921	Boeing747-446	27645/1262	日本航空	2000/12/20	2011/03/07
JA8922	Boeing747-446	27646/1280	日本航空	2001/08/01	2011/10/19
JA8937(原JA8151)	Boeing747-246F	22477/494	日本航空	1999/01/13	2008/03/14
JA8955	Boeing747-481D	25639/914	全日空	1992/05/13	2008/11/26
JA8956	Boeing747-481D	25640/920	全日空	1992/06/10	2012/12/14
JA8957	Boeing747-481D	25642/927	全日空	1992/07/16	2013/10/28
JA8958	Boeing747-481	25641/928	全日空	1992/08/12	2011/05/26
JA8959	Boeing747-481D	25646/952	全日空	1993/01/12	2012/10/15
JA8960	Boeing747-481D	25643/972	全日空	1993/05/12	2014/03/31
JA8961	Boeing747-481D	25644/975	全日空	1993/05/14	2014/04/18
JA8962	Boeing747-481	25645/979	全日空	1993/06/04	2011/01/25
JA8963	Boeing747-481D	25647/991	全日空	1993/09/01	2011/08/03
JA8964	Boeing747-481D	27163/996	全日空	1994/03/25	2011/11/16
JA8965	Boeing747-481D	27436/1060	全日空	1995/04/25	2013/06/28
JA8966	Boeing747-481D	27442/1066	全日空	1995/12/12	2014/01/20
JA01KZ	Boeing747-481F	34016/1360	日本貨物航空	2005/06/16	2014/08/04
JA02KZ	Boeing747-481F	34017/1363	日本貨物航空	2005/08/26	2013/06/06
JA03KZ	Boeing747-481F	34018/1378	日本貨物航空	2006/10/02	2014/09/16
JA04KZ	Boeing747-481F	34283/1384	日本貨物航空	2007/03/22	2017/08/02
JA05KZ	Boeing747-4KZF	36132/1394	日本貨物航空	2007/10/30	2019/02/19
JA06KZ	Boeing747-4KZF	36133/1397	日本貨物航空	2007/12/21	2018/11/07
JA07KZ	Boeing747-4KZF	36134/1405	日本貨物航空	2008/05/30	2016/11/02
JA08KZ	Boeing747-4KZF	36135/1408	日本貨物航空	2008/08/01	2018/11/08
JA11KZ	Boeing747-8KZF	36136/1421	日本貨物航空	2013/10/31	現役運行
JA12KZ	Boeing747-8KZF	36137/1422	日本貨物航空	2012/12/21	現役運行
JA13KZ	Boeing747-8KZF	36138/1431	日本貨物航空	2012/07/26	現役運行
JA14KZ	Boeing747-8KZF	37394/1469	日本貨物航空	2013/11/19	現役運行
JA15KZ	Boeing747-8KZF	36139/1479	日本貨物航空	2013/12/18	現役運行
JA16KZ	Boeing747-8KZF	37393/1485	日本貨物航空	2014/11/18	現役運行
JA17KZ	Boeing747-8KZF	36140/1487	日本貨物航空	2014/12/17	現役運行
JA18KZ	Boeing747-8KZF	36141/1489	日本貨物航空	2014/10/24	現役運行
JA401A	Boeing747-481(D)	28282/1133	全日空	1997/11/14	2008/07/24
JA401J	Boeing747-446F	33748/1351	日本航空	2004/10/13	2010/11/17
JA402A	Boeing747-481(D)	28283/1142	全日空	1998/01/30	2007/10/02
JA402J	Boeing747-446F	33749/1352	日本航空	2004/10/29	2010/11/19
JA403A	Boeing747-481	29262/1199	全日空	1999/02/26	2008/06/24
JA404A	Boeing747-481	29263/1204	全日空	1999/03/31	2007/04/25
JA405A	Boeing747-481	30322/1250	全日空	2000/06/29	2007/10/31
JA811J	Boeing747-246F	22989/571	日本航空	1982/12/15	2008/11/13
JA812J(原N212JL)	Boeing747-346	23067/588	日本航空	1983/11/30	2009/10/16
JA813J(原N213JL)	Boeing747-346	23068/589	日本航空	1983/12/09	2010/01/15

THE HISTORY OF GIANT AIRCRAFT 02

突破波音公司獨占的超大型機市場！

世紀巨型機A380的挑戰

為了對抗波音為首持續在客機市場躍進的美國業者，
歐洲業者聯手誕生出空中巴士公司。
自A300誕生以來，著實不斷縮短與美國業者間的差距，
最後只剩下超大型客機市場還是波音獨霸。
為了突破波音的堅固壁壘，A380以史上最大客機的姿態挑戰知名機型波音747，
本章就來重新回顧這個稱不上順遂的開發過程。

文=內藤雷太　　照片=空中巴士(特記以外)

廣體客機的登場和「歐洲聯合」空中巴士的誕生

空中巴士A380直到2023年，都是世界最大容量的巨型客機。最大座位數853席的全雙層客艙，讓機身有著鶴立雞群的高度，寬廣的主翼和近似大型船舶的機身散發出無與倫比的存在感。要讓這麼大的機體起飛並且安全飛航，光想像就知道不是一般技術能做到的事情，更何況還要花費龐大的成本和時間。A380的開發從1988年於空中巴士公司內部開始研討，到2021年專案結束為止，是一個歷時33年的歲月和投入2兆3千億日圓以上鉅額開發資金的超大型開發專案。

開發過程中因為巨型機才會有的製造問題，不斷地推遲計畫，一度還造成空中巴士的信用問題。投入了莫大的開發資金，又受到許多技術困難所阻撓，但空中巴士依舊不放棄開發A380的原動力究竟是什麼？那就是面前有波音747——長程超大型客機的先驅、開拓航空新時代傑作機型的存在。

747在1970年（首飛則是在前一年）登場。1950年代開啟了噴射客機的時代，支撐著西方諸國戰後經濟復甦的航空市場急速成長。1960年代更加加速發展，出現了「更快、更遠、更大」的市場需求。敏感嗅到這個變化的美國飛機製造商開始彼此競爭，在之後成為客機市場主流的廣體客機當中，打頭陣的就是以超越當時常識而大放異彩的波音747。之後以巨無霸噴射機的暱稱成為客機代名詞的波音747，其巨大身軀推出後隨即遭逢石油危機，在經濟性和必要性受到的質疑聲浪中，透過實際飛航證明了自己的經濟性，成為航空史上的最佳銷售機型。但由於巨型機的開發風險和不敢與747正面競爭，航空業界沒有興起跟風的熱潮，市場長久以來被747獨占。747登場的18年後，才終於出現的挑戰者就是空中巴士。

747登場的時候，空中巴士還只是初生之犢。美國廣體客機浪潮席捲全球，歐洲的飛機製造商抱著危機感，為了與

為了對抗強大的美國業者，歐洲的飛機製造商集結起來成立的公司就是空中巴士。

之對抗，在法國和西德兩國政府的強力奧援下，跨國設立的多國籍企業就是空中巴士。當時，歐洲的廣體客機市場需求也不斷提高，各國的飛機製造商在1967年開始共同研討開發新世代飛機，也間接使空中巴士工業（Airbus Industries）於1970年設立。集合在一起的廠商都是各國具代表性的知名企業，雖然是新設立的公司，卻也是美國業者的強敵。空中巴士第一種產品A300就積極地以世界第一架雙發動機廣體客機，以眾望所歸的實力與美國業者對等交鋒。以A300為始，陸續將高科技機型送入市場的空中巴士，終於成長到可以和波音共食市場的頂級製造商了。

如何擬定戰略方向
兩大廠商判斷出現分岐

空中巴士最後還沒有出手的就是被747獨占的市場。從廣體客機到單走道客機都有推出產品，和業界頂尖公司波音競爭的空中巴士認為如果要繼續擴大市場、超越波音的話，就必須切開747的市占率。第一步就是在公司內部研討超大型機的開發專案。

空中巴士在1980年代後期，開始極為隱密地研討開發超大型機。東西冷戰終結和情報產業的活化，導致經濟全球化加速進行，是一個國際航空需求劇增的時代。許多大規模機場的起降班數和旅客數量都達到飽和狀態，空中巴士認為如果能投入最新超大型機，在加強運輸效率的同時，就能解決管制和機場的飽和狀態，又能搶食747的獨占市場。相較於此，波音察覺到歷經石油危機後，航空公司轉為著重經濟性，於是開始考慮讓設計老舊、油耗表現較差的747推出後繼機型。

如上述，空中巴士和波音就各自抱持著各自的想法，對超大型機市場的發展進行研討，空中巴士在1990年的法恩堡航空展（Farnborough International Airshow）中，公開將要進行開發經濟性超越747的超大型機計畫－UHCA

自A300登場以來孕育出各式各樣客機的空中巴士，唯獨還沒進入波音747獨占的超大型機市場。

（Ultra Large Capacity Airliner）。波音也馬上回應空中巴士的挑戰，在隔年的時候推出以747為基礎改良的「747 STRETCH」、「747 DOUBLE DECK」，以及超過500個座位的超大型機「NLA」（New Large Airplane）等三個計畫構想來制衡空中巴士。

這個反應在空中巴士的意料之中。當初空中巴士和波音對747所形成的超大型機市場，有沒有大到足以容納兩架機型抱持著疑問，考量到輸掉鉅額投資的開發競爭帶來的風險，兩陣營對新型機型的開發都不得不慎重了起來。於是空中巴士成員之一的英國航太公司（British Aerospace）和法國航太公司（Aérospatiale）整合出有別於UHCA的VLCT（Very Large Commercial Aircraft）巨型機計畫，並且主動提出要和波音公司共同開發，目標是把波音一起拉下水分擔開發費用，也避免在市場的占有率之爭全面對立。波音對於這個合作案也感到興趣，有一段時間還進行到共同討論款式的階段，但是想要打破波音這堵高牆的空中巴士，和想要持續壟斷市場的波音不可能找到共識，最後兩間公司還是分道揚鑣了。

後來決定獨自開發巨型機的空中巴士，在1996年的法恩堡航空展將UHCA專案的飛機命名為A3XX，正式發表經濟性比747優異15%的真雙層機艙超大型客機開計畫，並揚言這就是新世代的旗艦機型。波音為了與其抗衡，也發表747-400的加長型747-500X／-600X的構想，但是沒有獲得市場的迴響，馬上就消失了。相較於筆直朝著超大型客機開發邁進的空中巴士，這個時期的波音對未來計劃的方向陷入迷惘，這個判斷讓兩間公司的未來走向，產生極大的分歧，也就是航空業界至今都還在議論的軸輻式系統 VS 點對點系統。把相距較遠的樞紐機場A和樞紐機場B用長程大型客機連結，有效率地大量移動旅客，抵達樞紐機場B後再利用小型客機，以輻射狀方式轉機來連結地方機場的軸輻式路網，是A3XX計畫最大的依據，空中巴士設想市場未來會朝這個方向發展。另一方面，波音認為軸輻式系統戰略未來會產生變化，在摸索軸輻式系統接下來的方針，並曾經一度為了對抗A3XX推出重視速度的大型次音速客機，令業界大為震驚，但因為沒有獲得市場的支持，最後結論是開發新世代雙發動機廣體客機 ── 787夢幻客機（Dreamliner）。波音因為777的成功而關注廣體客機將來的可能性，認為依照需求從出發地直飛目的地的點對點路線

戰略，是市場未來的走向，如果具備尖端技術而擁有優異經濟性的新世代雙發動機廣體客機的話，就可以實現點對點的戰略路線。

在機內配線發現嚴重的設計失誤 原本順利的開發轉成陷入困境

空中巴士就這樣和波音選擇了不同的道路，努力推銷A3XX，最後從阿聯酋航空、法國航空、新加坡航空、澳洲航空、國際租賃財務公司（ILFC）和維珍航空等取得55架訂單。2000年12月，空中巴士宣布A3XX將正式以A380的名稱進行開發。空中巴士估算未來20年對超過500個座位的超大型客機需求為1500架以上，A380會有750架以上的訂單，初步的計畫預估會有250架訂單。

空中巴士對A380的開發做好了十足的準備，也完全理解該打造出什麼樣的機體。就算是超大型機，也以目前既有機場設施可以使用為目標，積極地在巨大的機身和主翼導入複合材料，兼顧提升強度和輕量化（主翼和機身後段採用達到全機總重量25％的複合材料，跟鋁合金熔接在一起），採用在經濟性上可以與雙發動機廣體客機抗衡的大推力低油耗新型發動機（勞斯萊斯的Trent 900和發動機聯盟的GP7200），只需兩名機師就能駕駛，駕駛艙也數位化、電子化，搭配電傳飛操系統和側邊操縱桿等設備，有著空中巴士一貫的先進設計。還有最大特徵的大容量雙層客艙，可以提供所有席次充足的娛樂服務，還能依照航空公司不同的需求，彈性變更室內

設計。電力系統的配線方式以主匯流排為樞紐，架構出複雜的通信網路，這也是開發A380時面臨的技術挑戰。製造A380最重要的就是從零件供應商和外包商的選擇開始、分配好製造機身和主翼等大型構造的工廠，到最後運到組裝地土魯斯的運輸方式等等，所有環節在計畫推出前都已經詳細討論過。試驗機的製造過程非常順利，2002年1月很早就開始製造5架的試驗機。

像這樣感覺一切按照計畫進行直到2005年，情況驟變。這一年的6月，各家航空公司突然收到空中巴士的聯絡：「因為機內配線發現問題，A380的生產排程最多可能會推遲6個月。」但是不久前的4月，試驗1號機MSN001才成功試飛。起因是設置在客艙內的IFE機器配線過短，原因是德國、西班牙團隊的設計軟體（CATIA Ver.4）和法國、英國團隊的設計軟體（CATIA Ver.5）的資訊無法互換，這是多國籍企業容易

直到初次試飛開發都順利進行的A380，但發現娛樂系統的配線有設計失誤，導致之後的進程產生大幅延遲。

掉入的陷阱。空中巴士疏於管理使用軟體的版本，導致配線設計的尺寸產生誤差，讓完成的配線管路無法順利對接。

雙層機艙最大可以容納853個座位的A380，配線總計超過10萬條，總長超過500公里，這些全部都要重新設計。光是製造新的配線就是一個大工程，又要重新進行新配線的電磁干擾和電源測試，再考量到需要測試重新調整後的配線對機體重心和起飛重量的影響，大幅推延計畫是必然的事情了。

知道此事事關重大的空中巴士對於公開資訊非常慎重，花了一整年的時間進行原因查詢和設計變更，在2006年6月發表了第二次計畫推延通知：「雖然可以按照計畫在2006年底交付新加坡航空首架飛機，但是隔年的預估生產數量將降到預估的1/3，共9架。2008～2009年的生產架數將從預估的40架當中減少9架。」這個通知帶來巨大的影響，至今為止確認下訂的154架飛機當中，下訂貨機型A380F的FedEx、UPS、阿聯酋航空、ILFC全部取消訂單。空中巴士不單損失了貴重的27架訂單，還要背負7200億日圓以上的違約金，導致經營惡化，社會信用失墜。2001年民營化以來第一次跌成赤字，母公司EADS的股價暴跌，陷入惡性循環。

另一個大問題是時任空中巴士CEO的佛爾雅德（Noël Forgeard），因為內線交易事件發展成極大的醜聞。佛爾雅德被控在EADS股票暴跌前大量賣出，最後辭去CEO的職位。空中巴士的困境持續不斷，距離前一次聲明才4個月的2006年10月，繼任的CEO斯特雷夫（Christian Streiff）又發表了第三次延遲聲明，A380的量產推遲一年，交機要推遲兩年，同時發表大規模裁員計畫，在6天之後辭任CEO，最後是法國總統席哈克和德國總理梅克爾出手干預收拾善後。

A380就在這個困境當中繼續開發，結果到了推遲18個月後的2007年10月3日，首架量產飛機才交付啟動客戶新加坡航空，以極慢的步調進行交機。但空中巴士的聲勢已然無法回復，新訂單也不見增長，繼續陷入苦戰。

雖然在商業上以失敗告終卻提升空中巴士技術的A380

另一方面，為了與A380對抗，波音賭上身家推出的787在全複合材料機體構造和特殊設計上出現問題，也陷入了嚴重的開發延遲。但與A380不同的是，儘管市場上對極具野心的787抱持懷疑的聲音，但在計畫推出時，依舊吸

新加坡航空於2007年12月25日開始用A380運航新加坡—雪梨航線，這是A380首次正式啟航。寬廣的客艙和舒適的乘坐體驗，一開始就受到許多乘客好評。

製造出來的251架A380當中，阿聯酋航空就買了123架。整體銷量雖然不佳，但靠阿聯酋一家航空公司就撐起A380的生產，也算是非常特殊的飛機了。

引了大量訂單。到了察覺需要推延計畫時已經獲得了足夠的訂單，接近三年的延遲並沒有削減波音的聲勢，依舊成為新世代雙發動機廣體客機的熱銷機型。

另一邊的空中巴士為了想辦法提升A380的訂單量，推出許多衍生機型的提案，但是不管哪一種都沒有受到市場青睞。2013年以後除了沒有新訂單之外，相反地還有許多航空公司相繼取消訂單，原本超過320架的訂單數量在一時之間不斷減少。然後幾乎擁有A380總生產數一半以上的最大客戶阿聯酋航空，也在2019年2月14日取消39架的大量訂單。空中巴士終於下了苦澀的決定：「2021年製造完剩餘的A380訂單後就會停產。」

最後一架A380依舊還是給了阿聯酋航空，2021年12月16日交機後，A380這個超大型專案就走向了終點。從2000年專案推出後過了21年，結果製造出的A380-800總交機數只有251架。當中約半數的123架賣給了阿聯酋航空，可以看出就是阿聯酋航空在支撐著A380。

實際觀察A380的客戶，市場巨大的北美航空業界當中，使用A380的公司連一家都沒有。強化軸輻式系統，如果沒有長程運輸大量旅客就無法發揮經濟效益的A380，對於彈性使用軸輻式系統和點對點系統來設計航線的北美航空公司來說，是大到難以運用的飛機。孕育出747的波音在早期就發現了這個問題，切換未來戰略方針而誕生的787，為A380、747等四發機的時代畫下了休止符（波音也在2023年1月31日交付747-8F後，終止了747專案）。

A380最終僅銷售251架，完全沒有達到當初預估的銷量，大手筆的開發就商業角度來看是以失敗告終。空中巴士也因為無法回收鉅額開發費用，留下了慘痛的教訓。但是空中巴士實現了這個前所未有的巨無霸客機，其技術實力將會永留青史，孕育出的251架A380依舊會悠然地在天空中翱翔吧。

商業營運開始不到14年，在2021年12月就停產的A380。雖然完全沒有獲利，但毫無疑問地會在航空史上留下一筆豐功偉業，從中取得大量的技術和經驗。

飛機構型　Aircraft configurations

■ A380-800

客機史上最大的巨型機A380，雙層機身加上四台發動機，單一艙等的情況下，總座位數可以超過850個。

細部解說
空中巴士A380 的機械結構

圖・文＝阿施光南（特記以外）

為了超越長年以來的巨型機霸主波音747，
作為史上最大客機開發而成的A380。
雖然大家都將焦點放在其巨大的身軀上，
但機體利用了當時最先進的技術且追求輕量化。
本章就利用照片來看看在21世紀誕生的巨型機A380
機體各部位的技術和特徵吧。

■ 機體尺寸

A380並不是世界最大的飛機。舉例來說，美國為了在空中發射人造衛星而打造的雙體飛機Stratolaunch，翼展為117公尺，大約是A380的1.5倍。但是這種大小幾乎沒有可以使用的機場，以客機來說是最大的致命傷。主要機場都能接受的極限是80公尺×80公尺，A380也收在這個限制底下。

Airbus

■ 機體寬度

由前面開始依序是A320、A330、A350、A380，儘管目標是緊密的機體，但還是可以看出A380的主翼大幅超過起飛跑道兩端的白線。另外在滑行道上行駛時，也會干擾到旁邊滑行道或是停機坪內的飛機，能通過的地方也受到限制。

■ 最後組裝設施

A380的最後組裝廠設置在總部所在地土魯斯，和其他空中巴士的飛機一樣把各國生產好的構件進行組裝，廠區規模比起需要從最小的零件開始組裝起來的747工廠要小一點，但是也已經是歐洲數一數二的大型建築了。A380停產後改成A320系列的最後組裝廠。

機體尺寸
實際上想要緊密的機體

　　空中巴士A380的容量是波音747的1.5倍，但空中巴士的目標並不是「世界最大」，而是「如何縮小」。因為太大的話，能利用的機場也有限。

　　和世界主要機場相關營運人員協商的結果，極限尺寸為全長80公尺×全寬80公尺。因為波音747-400的全長就已經有70.66公尺，只延長10公尺不可能增加1.5倍的載客量，最後便採用兩層的客艙結構。747雖然也是兩層，但是上層客艙的寬度很窄，只有一條走道，每一排裝上6個座位（經濟艙）就是極限了。但是A380的上層客艙也確保了和一般廣體客機一樣寬廣的空間，可以加裝更多的座位。

　　順帶一提，完成後的A380全長雖然是和747-400相去不遠的72.72公尺，反而比之後登場的747-8還要短，距離「極限」的80公尺還有很充裕的空間。

機身 Fuselage

■ A380

從照片上就能看出747（下方照片）第一艙門前方還有座艙，A380（上面照片）則沒有。747的最前方座艙作為「特別空間」受到旅客的歡迎，但對於航空公司來說是很難運用的空間。空中巴士則盡可能地不去改變A380前方的寬度，可以有效率地設計座位。只是如果從機鼻處就突然擴大機身寬度的話，空氣阻力也會變大，所以確保主機艙寬度的同時，也讓上方變窄，以循序漸進的方式增加機身寬度。從第一艙門和第二艙門的角度差異，就能知道輪廓的變化。

■ 三層機身構造

下方是A380的機身剖面圖。雖然說是兩層機艙的設計，加上下層貨艙，總共是三層。支撐上層機艙的梁柱是日本JAMCO公司製造的CFRP產品。外板使用的是將鋁合金薄板和玻璃纖維交錯黏接而成，輕量化且堅固的新材質GLARE。

■ 747

空中巴士也討論過要推出將機身延長6.4公尺，可以增加100個座位的型號（A380-900）。

機身
有效活用機內的剖面設計

A380的機身非常緊實，也因為比較寬胖的緣故，和機頭細長向前方延伸的747比起來，感覺短短圓圓的。機頭部分細一點是為了降低空氣阻力，但是這樣就會改變寬度，不利於空間的運用。

舉例來說，747將機艙最前方的A字型機艙當特別空間使用，雖然頗受歡迎，但航空公司也為了該如何配置座位而苦惱。於是A380就煞費苦心，盡可能地減少越往機頭就越狹窄、「難以作為客艙運用」的部分。

比較A380和747的機鼻，可以看出A380的第一艙門比747往前很多。單純來看，這個艙門後面的機艙有一定寬度是「容易運用」的部分，所以A380比較能有效活用機內的空間。第一艙門前

空中巴士A380的機械結構

■ 艙門配置

A380單邊配有8個艙門，主機艙和上層機艙配置最大的A型艙門。一般客機進行艙門編號時，左舷最前方的會叫L1，右舷第二扇門則會稱呼R1。但是兩層座艙構造的A380稱呼主機艙左舷前方第一扇門叫做「M1L」，上層機艙右舷最後一扇則叫做「U3R」。

■ 上層機艙專用的空橋

可以利用A380的機場大多設置了可以直接連接上層機艙的PBB（空橋）。雖然是專為A380打造的設備，但受到高度關注的A380有往來的話，對於當地機場、區域或是國家都有很大的好處。

■ 上層機艙的裝卸貨

A380的上層機艙有足以匹敵A330的座位數量，為了更有效率地送入機內餐點等東西，做了可以直接升高到上層機艙的升降車。不單是高度的問題，因為上層機艙門大幅傾斜的關係，開關作業似乎相當麻煩。

方「難以運用」的部分則作為駕駛艙和機師休息室（假寐空間）。連結上層機艙的樓梯雖然會壓縮主機艙的空間，但是設置在上層機艙前方空間較為狹窄的區域，也不失為是一個有效活用空間的配置。

材質
大量採用複合材料達到輕量化

大型機的開發就是一場與重量增加的戰爭。於是A380使用許多輕量化且堅固的複合材料。尾翼、壓力隔板、支撐上層機艙的梁柱、還有連接左右主翼和機身的中央機翼盒都使用了CFRP（碳纖維強化塑膠）。順帶一提，A380是第一架用CFRP打造中央機翼盒的飛機，當然還沒有像之後登場的787和A350一樣在機體構造上幾乎都換上了CFRP，舉例來說，A380光是水平尾翼（翼展30.37公尺）就比一般區域航線飛機的主翼要大了，也不是說想換CFRP就能夠換。

主要使用在機身外板的GLARE材質是將鋁合金薄板跟GFRP（玻璃纖維強化塑膠）交錯黏合而成，比鋁合金輕、又能更耐損傷、腐蝕、彈性疲乏。在實驗中，先刻意用人工做出破損，就算進行等同於數千小時的負荷，傷痕也不會擴大。而且GLARE和鋁合金一樣可以修補。

在製造層面來看，使用GLARE還可以取代舊有的鉚釘固定方式，變成以雷射焊接的方式進行固定，也能達到減輕重量並提升工作效率。

機翼　Wings

■ **主翼**
越大的飛機需要越大的主翼，但是A380的主翼相對於機身看起來有點過大。不過A380是全雙層構造，機身越長，重量上升的比例也越高。這樣做的好處是本來計畫的機身加長型版本，應該不用大幅變更主翼也能實現。

■ **主翼剖面**
在工廠準備安裝的A380主翼，旁邊放的是作業時要用的樓梯，可以看出安裝部位和建物的一層樓差不多高，巨大的機翼內部作為油箱使用。

機翼面積
巨大的主翼提升低速性能

　　從機場的觀景台看到的A380雖然感覺很有份量，卻不太會有「巨大」的印象，可能是因為全長只和747差不多。但是往上看飛機在飛翔時，就會被主翼的大小震懾到。相較於747-400的64.4公尺全寬，A380則是79.76（約多了15公尺），翼面積也比747-400的525平方公尺多了1.6倍，來到845平方公尺。由於機身沒有太長，因此主翼的大小格外顯眼。

　　但是因為A380的最大起飛重量為575噸，是747-400（397噸）的1.45倍，所以主翼也需要有相對應的大小。話雖如此，如果翼面荷重（機翼每一個單位面積所支撐的重量）按照比例換算成和747-400相同程度的話，主翼面積應該

■ 襟翼
A380的後緣襟翼採用的是構造簡單的單縫阜勒氏襟翼。前緣從內側發動機開始到靠近機身的位置，採用可以增加主翼弧度的下垂襟翼，外側使用大幅度的攻角下也不容易失速的縫翼。另外，相較於747安裝的是全速度域都能使用的副翼（內側襟翼與外側襟翼間）和低速時使用的副翼（外側襟翼更外側的地方），A380只有在外側安裝副翼對應全速度域。

■ 翼尖整流柵
安裝在主翼尖端的巨大翼尖裝置，是為了擴散機翼下表面壓力較高的氣流繞到上表面時所產生的翼尖渦流。藉此降低誘導阻力，同時又能減弱對後方飛機造成危險的亂流。

■ 尾翼
空中巴士在很早期就用CFRP（碳纖維強化塑膠）打造尾翼，A380也一樣。只是A380的尾翼比小型客機的主翼還要大。垂直尾翼的高度為24.1公尺，比747多了5公尺，成田機場的ANA停機坪本來是以停放747為主要考量所建造的，還得為此改修入口上方的設計，才有辦法停放A380。

可以縮小一成左右。但是正因為這個大型的主翼，A380的降落速度可以慢到和小型的A320一樣。

空中巴士重視自家客機的操控共通性，基本上採用同樣的駕駛艙、同樣的操控程序，也能用同樣的感覺來飛行。當然無法做到「完全一樣」，但能盡可能地減少差距。以速度為例，一般來說，越重的飛機就需要用越快的速度飛行，但A380卻可以用和小型機一樣的速度起降，習慣小型空中巴士飛機的機師也比較容易適應。

進場速率
縮短著陸時的煞停距離

可以用比較慢速率進場的另一個好處是能縮短著陸距離。起飛時只要單純使用強力的發動機迅速加速，就可以縮短

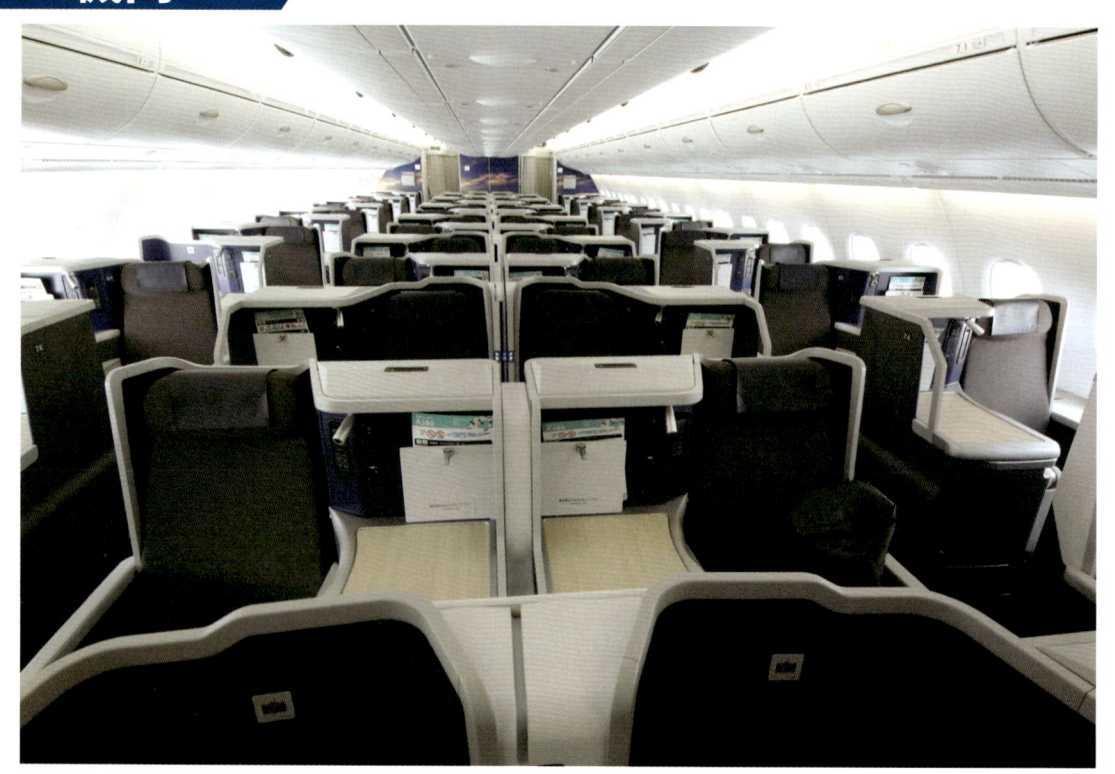

機內（機艙） Interior

■ 上層機艙

A380為寬7.14公尺×高8.41公尺的長條型機身。雙層座艙加機腹貨艙共為三層式構造。747同樣是雙層機艙，上層座艙為單走道，空間大約和737差不多大，相較於此，A380的上層座艙空間足以匹敵雙走道的A330，經濟艙一排可以配置8張座位。照片上則是ANA的商務艙。

■ 前方樓梯
■ 後方樓梯

前後都有樓梯連接上下座艙，前方樓梯為直線型，有足以讓兩個大人並肩擦身而過的充裕空間，後方則是螺旋型。只是大多數的航空公司都會禁止或是限制乘客在飛行時使用樓梯。

Akira Fukazawa

滑行距離，但是著陸就沒那麼簡單了。需要用到車輪煞車和大氣煞車（擾流板），還有發動機的推力反向器（逆噴射裝置）。為了以防萬一，會要求就算在推力反向器故障的情況下，也能準確煞停。主要依賴車輪煞車，但制動力會因為地面和輪胎的摩擦而有極限，強力煞車會讓輪胎鎖死，反而增加著陸距離。這時就需要使用防滑裝置，用讓輪胎即將要打滑的制動壓力來進行煞車，其他也沒什麼能做的事情了。但是如果能降低著陸時的速度，就能縮短煞停距離，也就是說可以使用比較短的跑道。

客機的車輪煞車配在主起落架的輪胎上。747的主起落架上有16個輪胎，每個都裝有煞車；A380的主起落架有20個輪胎，但是最後面4個沒有煞車。因為著陸速度較慢的關係，這樣就足以順利煞停了。

還有關於發動機的推力反向器，747四台發動機都有配備，但是A380只有裝備在機身內側的兩台發動機。這是因

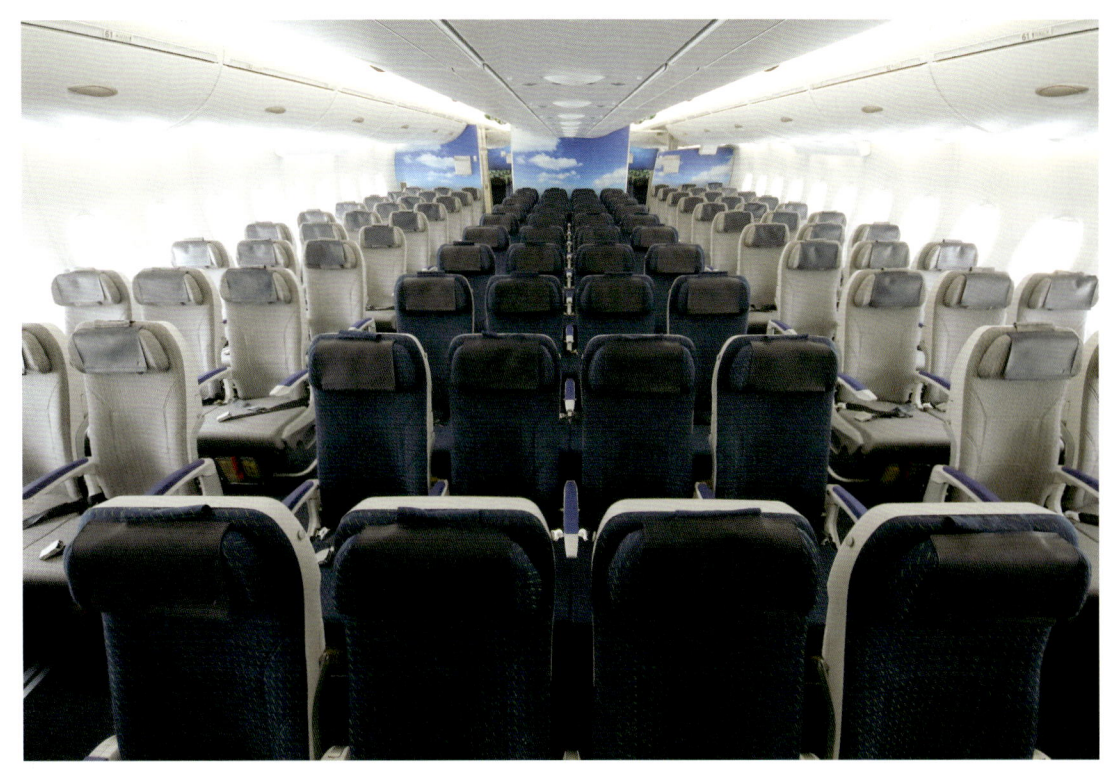

■ **主機艙**

主機艙的最大寬度比747稍微大一點，但是經濟艙還是和747相同，一排配置10張座位，搭配天花板的高度，給乘客一種開放感。上下加起來座艙地板面積為550平方公尺，比起延長機身的747-8還要大了40%。

■ **窗戶和空調出風口的位置**

機身構造因為構架的間隔較大，可以把空調出風口和窗戶錯開來，不會有其他客機那種「沒有窗戶的靠窗座位」的感覺。

■ **主機艙的高密度配置**

活用比747還要寬的主機艙寬度，A380可以採用一排11個座位的高密度配置。但至今沒有航空公司採用這種方式。

為A380的發動機推力較大，如果設計在距離重心較遠的外側推力反向器故障的話，會大幅度地破壞平衡，只讓兩個發動機逆噴射就足以充分減速也是理由之一。

機翼
主翼裡面也有10個油箱

比較A380和747的主翼，除了大小以外，還有幾個引人注目的差異。首先是後掠角的大小，相較於A380的33.5度，747則是更大一點的37.5度，更適合高速飛行。因為在開發747的1960年代，燃油費還很便宜，速度比什麼都重要。另一方面，儘管A380的主翼採用了更重視經濟性的平面形設計，但依舊可以用對客機來說算是頂尖的0.85馬赫高速巡航，算是多虧技術的進步吧。

■ 撤離滑道

■ 緊急出口

A380的主機艙單側共有5個緊急出口，上層機艙單側則有3個。全部都是大型的Type A，撤離滑道也都是可以兩個人並排的雙道設計。上層機艙距離地面有8公尺高，滑道的設計比較寬，出口附近的側邊還有防止掉落的格柵，也有助於遮蔽視線，沒有那麼恐怖。

機身的主翼前緣部分採用下垂襟翼，外側為縫翼，後緣則配備單縫阜勒氏襟翼（Fowler flap）。單邊機翼各有8片擾流板，除了在飛行和著陸時作為大氣煞車使用之外，外側6片擾流板還會跟副翼連動，輔助滾轉操控，也可以在遇到亂流時減輕對主翼的負擔。副翼作為和襟翼連動的襟副翼，也具備在著陸時和擾流板一同進行大氣煞車的機能。

主翼左右兩側共有10個油箱（在水平尾翼內有配平油箱），以四發大型機的角度來看也相當多。A380會隨著飛行階段的不同，轉移燃油來減少對機體產生的負荷。舉例來說，在起飛降落時會將燃油集中到靠近主起落架的機翼內側，因為如果放在離主起落架較遠的油

此外，747的副翼分為全速域（內側）和低速域（外側）兩種，而A380只有外側有安裝副翼，並且在全速度域都可以使用。747的主翼因為輕量化的關係較為柔軟，在高速行駛時使用外側副翼的話，可能會讓主翼扭曲產生反效果，反而有危險。但是A380主翼的構造不容易扭曲，所以只靠外側副翼對應全速度域。

關於高升力裝置，從內側發動機靠近

空中巴士A380的機械結構

■ ANA的多用途空間

■ 澳洲航空的機內交誼廳
Qantas

■ 大韓航空的免稅品展示區
Hiroyuki Kashiwa

Emirates

■ 阿聯酋航空的酒吧

A380可以靈活運用寬廣的座艙，具有其他客機難以實現的設備。例如ANA就在主機艙設置了可以哺乳和換衣服的多用途空間。其他的航空公司也會設置機內交誼廳和免稅品展示區等等，以各式各樣的巧思打造設備襯托空中之旅。

箱，對機體的負擔會變重。另一方面在飛行時則會把燃油移到外側油箱，減輕主翼的彎曲荷重，有時還會適當地將燃料送入水平尾翼內的油箱以降低阻力。

主翼的尖端裝有翼尖整流柵，雖然和翼尖小翼一樣是為了減弱翼尖渦流，降低誘導阻力，但A380還改善了升阻比，削弱強勁的翼尖渦流，降低對後面飛機的影響。

座艙空間
競爭對手也認可的靜音性能

A380雖然是世界上最大的客機，但是進入機內後，對於這份大小卻沒什麼實際感受。主機艙內的座艙寬度和747沒有太大差異（經濟艙也是一排配置10

111

發動機　Engine

■ **發動機**

空中巴士為A380準備了勞斯萊斯的Trent 900和發動機聯盟的GP7000兩種發動機,不管哪一種都是以777用的發動機作為基礎。A380雖然比777要大,但因為是四發而非雙發的緣故,每台發動機小一點也沒關係。儘管如此直徑還是很大,為了確保與地面間的距離,刻意拉高主翼安裝部位到內側發動機間的角度。

■ **推力反向器**

發動機越是強力,如果有一台故障的話,使用推力反向器時就有破壞平衡的風險。因此A380只將推力反向器安裝在對平衡影響較小的內側發動機之上。當然,因為降落速度較慢的關係,光這樣就足以停下飛機也是原因之一。

席),上層機艙的座艙寬度和A330沒有多大差別(一排8席),所以並不是一架會讓有廣體客機體驗的人感到驚訝的大小。

就算說是雙層客機,應該也很難分辨自己到底是在上層還是下層吧。有辦法使用A380的機場,大多會有可以直接個別連結上層機艙和主機艙的空橋,基本上進入飛機之後就直接坐到自己的位置上了。座艙前後雖然有樓梯,但是乘客幾乎不會用到。這是為了避免在飛行時發生跌落意外,並限制乘客前往其他艙等座艙(尤其是下位艙等往上位艙等移動)。

比起寬廣的座艙空間,不如說搭乘A380反而可以享受到流暢的搭乘體驗與靜音性能。競爭對手的高層曾經說過:「A380太安靜了,交談恐怕會被其他人聽到。」雖然沒有誇獎的意圖,但也等於對A380的靜音性能給予肯定。

空中巴士A380的機械結構

起落架　Landing gear

■ 前起落架

■ 主起落架

■ 起落架
A380的起落架和747一樣是由一組鼻輪和四組主輪（兩組翼輪和兩組機身輪）所構成。但是相較於747每組主輪配4顆輪胎，A380則是將機身輪的輪胎增加到6顆來對應大型機體的重量。另外，機身輪後方兩個輪胎一組，具備和鼻輪連動一起轉向的機能，但沒有配備煞車。這也是因為降落速度較慢的關係，剩下的輪胎有煞車就足以充分減速了。

■ 煞車
主輪備有碟盤煞車（照片深處的輪胎），可以看到後方的車輪（靠近眼前的輪胎）沒有配置煞車。

關於座艙的靜音性能（噪音比747-400降低50%），有人曾經問過空中巴士是否在內裝加上了特別的隔音裝置，但答案只是使用了非常普通的隔音隔熱材質。最大的原因應該是將本來就很安靜的發動機（以大型機來說）配置在離座艙較遠的地方。

發動機
足以讓巨型機飛翔的動力

歷史上有很多巨型機因發動機動力不足而留下慘痛的淚水，但是關於這點A380卻沒有太過費力。

要讓世界最大的客機飛翔需要強勁的動力，但是用四台發動機來供應的話，每個發動機的所需推力也就32噸左右的程度。雖然更加小型，但雙發機777上都已實裝更強力的發動機，所以問題只剩下如何降低油耗和噪音。至少沒有像以往開發巨型機時需要面臨發動機性能不足的風險。

A380用的發動機有勞斯萊斯的Trent 900，和發動機聯盟的GP7000兩種可以選擇。

駕駛艙
與其他空中巴士FBW飛機高度共通

A380的駕駛艙採用了側邊操縱桿與電傳飛操系統（FBW）等等，重視和至今推出的空中巴士飛機之間的共通性。主要的飛行資訊顯示方式包括：位於機師正面的主飛行顯示器（Primary Flight Display，PFD）和導航顯示器（Navigation Display，ND），中央配有發動機數據及警告顯示器（Engine & Warning Display，E/WD），在其下方是系統顯示器（System Display），兩側排列著多功能顯示器（Multi Function

113

駕駛艙　Cockpit

■ 駕駛艙

駕駛艙的顯示器擴大成直長方形，數量也增加了，但是基本的組成和操作程序都和A320到A340的駕駛艙一樣。空中巴士的操控系統採用了電傳飛操控制系統，系統的管理和控制也都自動化。如果把操控裝置當作只是一種對電腦輸入指令的按鈕時，就算機體規模差了好幾倍，但用同樣的操控程序就可以讓飛機起飛，也不是什麼奇怪的事情。

■ A330

■ A380

Display，MFD）

與至今為止的空中巴士飛機的駕駛艙比起來，每個顯示器都大型化，從正方形變成直的長方形，可以顯示更多的資訊。顯示器數量變多雖然也是差異所在，但將其看作沿襲基本設計，並同時追加電子檢查清單等各式各樣的新機能就好。另外，為了因應可以進行互動式操作的顯示器，也追加了類似電腦滑鼠的輸入裝置－鍵盤與游標控制單元（Keyboard & Cursor Control Unit，KCCU）。

再加上駕駛艙兩側也增設了稱為機載資訊終端（Onboard Information Terminal，OIT）的全新大型顯示器，可以顯示各類圖表和電子記事簿，或是

■ 側邊操縱桿和顯示器
和其他空中巴士飛機一樣使用側邊操縱桿來操控飛機。顯示器比起舊款稍微大型化，正面是PFD（左）和ND（右）。中央則是E/WD（上）和SD（下），兩側排列著MFD。

■ OIT
配備在駕駛艙兩側的機載資訊終端，作為推動駕駛艙無紙化的裝備之一，需要輸入指令時，須使用操縱席正面的鍵盤。

重量＆平衡與起降時所需的性能資訊等各式各樣資訊，是駕駛艙無紙化的一環。可以使用配置在機師前方收納桌內的鍵盤對OIT輸入內容。

　順帶一提，A380的駕駛艙幾乎和主機艙一樣高（比主機艙高出1公尺左右）。初期預定開發貨機型，討論過是否如747F一樣加裝機鼻貨艙門，並將駕駛艙移到上層機艙，但聽取航空公司的意見後，就沒有採用機鼻貨艙門了。空中巴士把駕駛艙的高度壓低到和以前的空中巴士飛機一樣，讓機師維持幾乎和之前同樣的視線，這樣做有助於確保駕駛艙之間的共通性。

史上最大的客機才得以實現
A380的座艙革命

空中巴士A380雖然是史上最大的客機，但對使用者來說，比起機體規模大小，最劃時代的應該是寬廣的座艙空間吧。各航空公司都活用這份巨大的空間，接連導入對過去的客機而言難以使用的設備。A380是只要搭乘過就能感受到劃時代的新型客機。

新加坡航空的頭等艙（舊型）

A380推出時的座艙款式，新加坡航空配合A380登場，配置了超越舊有頭等艙的豪華艙等。照片是將中央列的隔板拆開，和隔壁連接起來的狀態。

新加坡航空的套房（新型）

現在的套房採用床鋪與座位分離的豪華設計，位置也從原本的主機艙移到上層機艙，數量也從12席減半到剩6席。

豪華座艙陸續推出 還出現「飛行豪宅」

空中巴士A380首次商業航線啟航，是在2007年12月25日的新加坡航空，航線是新加坡—雪梨。早在A380推出之前，飛機迷和旅遊愛好者最引頸期盼的就是公開發表座艙款式。作為世界第一家使用A380的航空公司，新加坡航空在雙層機艙不負眾望地採用了豪華款式。單一艙等的話，A380最大可以容納850個座位，但是新加坡航空以三艙等僅設置了471個座位。順帶一提，製造商發表的時候，三艙等的標準座位數是525席。

各艙等的座位數配置為套房12席、商務艙60席、經濟艙399席。「套房」（Suite）是為了A380刻意準備的新艙等，超越了原有的頭等艙，備有滑門的包廂型座位。設置在主機艙的套房採用1-2-1的排列方式，將位於中央列的隔板拆掉，還可以變成雙人房的款式。簡直就是最適合用「飛行旅館」來形容的豪華座艙，但新加坡航空之後刷新座位

新加坡航空的商務艙（舊型）

商務艙導入了可以兩個人並排坐著的平躺座位。

新加坡航空的商務艙（新型）

新加坡航空全面翻新A380的座位，增加了豪華經濟艙，變成4個艙等。

阿聯酋航空的頭等艙
阿聯酋航空在頭等艙導入了套房型式的座位，每個座位也都配備了迷你小酒吧。

阿聯酋航空的盥洗室
專為頭等艙乘客準備的盥洗室，需要事前預約。

阿聯酋航空的酒吧
頂級艙等乘客可以使用的吧台（機內交誼廳），空服員會作為調酒師提供酒水。

型設計，將座位和床鋪完全分離，讓空間進化成更像旅館（數量變為6席，改配置在上層機艙）。還有，商務艙也導入了和波音777-300ER一樣、寬度可以讓兩個成人並肩坐著的平躺座位，充分活用了A380的寬敞空間。之後也替商務艙換上了新型座椅，不管哪一種，A380的商務艙在推出當時都足以匹敵、甚至是凌駕其他航空公司的頭等艙。現在則改裝成四艙等的飛機，追加豪華經濟艙，持續營運中（新款式的總座位數也是471席）。

以劃時代的意義來看，接在新加坡航空之後導入A380的阿聯酋航空則更上一層樓，在一般民眾也能搭乘的客機內，第一次設置了淋浴間。在上層機艙的最前方兩側各設一間，這兩間淋浴間是專為頭等艙旅客所打造，只要事前預約就能使用。計量表會顯示能使用五分鐘的熱水還剩下多少時間。五分鐘雖然感覺有點短，但是有鑑於飛機在飛航時要盡可能地減輕重量，光是搭載沐浴使用的大量用水，就可說是打破常識的設備和服務了。阿聯酋航空的頭等艙當然也是採用設有滑門的包廂座位。

現在，商務艙設有包廂座位也漸漸變得沒那麼稀奇了，A380毫無疑問地對於客艙豪華化有著極大的影響。雖然除了A380以外，看不到其他飛機設置淋浴間，但是包廂型的座位設計也逐漸在雙發動機廣體客機上普及。

話雖如此，有些座艙設計不在容量極

A380的座艙革命

阿提哈德航空的空中官邸
以客廳、臥室、盥洗室三個房間構成空中官邸
限搭兩人，還有專門的管家照顧乘客的需求。

大的A380上就根本不可能實現，也是事實。最極端的例子就是阿提哈德航空在A380的上層機艙，配置2名乘客用的「空中官邸」（The Residence）。阿提哈德航空的「空中官邸」有著超越「空中旅館」的「空中豪宅」也不為過的奢華空間。以客廳、臥室、盥洗室（淋浴間＆廁所）三個空間構成，是完全可以用「房間」來表達的水準，甚至還有專屬的空中管家，提供應有盡有的服務。

考量到超大型機數量不斷減少的現狀，很難想像未來會有超越「空中官邸」的座艙登場。

A380才有的公共設備

A380才有的座艙設備不單只有最頂級的艙等才能享受到，前文提到的阿聯酋航空，就設置了商務艙旅客也能使用的酒吧，像這樣子有許多「公共設備」也是A380的特徵之一，卡達航空等其他航空公司也有許多案例。A380比起其他機型增加了許多不適合配置座位的「額外空間」，航空公司就會把這些空間活用為機內交誼廳和寬廣的廁所。尤其是上層機艙最前面因為機鼻形狀的關係，座艙的寬度和天花板高度都會縮減，如何活用這個空間就端看航空公司的手段了

還有，ANA的A380「飛行海龜」，在主機艙後方設置了作為哺乳或更衣用的「多用途房間」。ANA將A380作為成

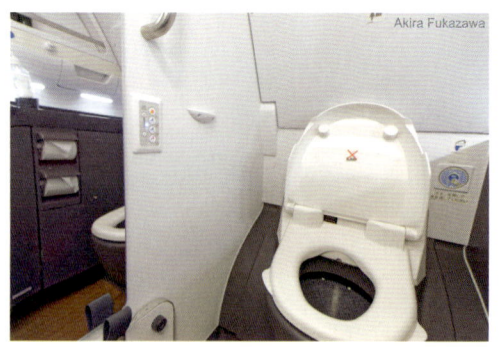

ANA的廁所

上層機艙的高級艙等的廁所設有溫水免治馬桶，對於日本人來說是值得慶幸的配備。

ANA的長椅座位

可將經濟艙的座位變成床鋪的「ANA COUCHii」。雖然不能說是A380的專屬設計，但毫無疑問是因為充裕的座艙空間才有辦法達成的設計。

ANA的多用途房間

全部都是經濟艙的主機艙後方，設置的多用途房間內有鏡子和洗臉架等配備。

　　田一檀香山航線的專用飛機，若於日本深夜出發，早上抵達檀香山後馬上要去觀光，在機內換衣服的需求就很高。「飛行海龜」雖然主機艙都是經濟艙，但是誰都能使用的多用途房間，可說是空間寬敞的A380才有辦法設置的配備之一。順帶一提，「飛行海龜」在高級艙等的上層機艙還設置了溫水免治馬桶，ANA以前在777-300ER、787、767-300ER都有設置溫水免治馬桶，並不是A380獨門的設計，但卻是首架配備溫水免治馬桶的A380，這也是日本航空公司特別的堅持吧。

　　不論艙等都可以利用的設備當中，大韓航空設置的免稅品展示區便是其中一個。通常在機內購買免稅商品時，大都透過機內雜誌或是IFE機內娛樂系統內刊載的型錄來選購，但想要實際看到商品的人應該也不少。於是大韓航空就在主機艙的最後方設置了免稅商品展示間，讓旅客可以實際確認商品。

　　航空公司為了最大限度地活用有限的機內空間，盡可能有效率地配置座位和排列設備。廉價航空將座位塞滿的高密度配置座艙設計就是典型案例，但是以盡可能地減少空間浪費這點來看，傳統航空公司的基本想法也沒有改變。可是導入A380的航空公司大部分在發表的時候，大都選擇了400～500席前後、低於製造商宣布的標準座位數。如果不怕讀者誤解的話，這可能是因為航空公司認識到「額外空間」才是A380最大的魅力吧。波音747在登場初期也有許多採用寬廣座艙空間的航空公司，將上層機艙作為機內交誼廳使用。

　　近年的航空業界面臨運費、服務兩大層面的激烈競爭，同時有油價持續飆升、飛航成本提升的問題，又受到新冠

A380的座艙革命

各家航空公司的座位數 ※已經退役的航空公司除外

航空公司	F	C	PY	Y	總座位數	備註
新加坡航空	6	78	44	343	471	F為套房
阿聯酋航空	14	76	56	338	484	
	14	76	—	399	489	
	14	76	—	427	517	
	—	58	—	557	615	
阿提哈德航空	2*+7	70		405	484	*空中官邸(限搭兩名)
卡達航空	8	48	—	461	517	
德國漢莎航空	8	78	52	371	509	
英國航空	14	97	55	303	469	
澳洲航空	14	64	35	371	484	
	14	70	60	341	485	
泰國國際航空	12	60	—	435	507	
大韓航空	12	94	—	301	407	
韓亞航空	12	66	—	417	495	
全日空	8	56	73	383	520	

　肺炎疫情爆發和烏克蘭戰爭的接連打擊，讓航空公司的營運環境變得更為嚴苛。在這種狀況下，航空公司不得已將效率作為企業最優先的戰略方針。儘管如此，作為「空中的豪華客機」讓旅客引頸期盼的A380，依舊具有特殊地位。遺憾的是目前已經停產，希望現在還在飛航的A380，多一天也好、多一架也好，能繼續活躍下去。

德國漢莎航空的廁所
寬度和高度都較為狹小的機內正前方，因為附近有樓梯的關係，很難配置座位，大多作為高級艙等的廁所，包含洗臉架的空間是其他機型難以想像的寬廣。

大韓航空的機內交誼廳
容量大的A380比起其他機型有許多不適合設置座位的空間，很多航空公司將其作為交誼廳使用。

持續延伸航程的進化歷史

超大型四發機的續航性能

現代噴射客機競爭的不是速度,而是油耗等跟效率相關的能力。效率越高的客機,航程也會延伸。
就算回顧超大型四發機的歷史,續航性能也是重要的關鍵。
最後747和A380將航程提升到連結兩個主要都市的路線,都可以不用中途停留。但是等在前方的,卻是效率更高的中大型長程雙發機登場。

文=阿施光南

續航性能略有不足的初期型波音747

　　測量飛機性能的標準有很多種,但是對於客機來說,速度不是主要比較的對象了。英、法、美、蘇聯在1960年代相競開發的超音速客機,油耗表現糟糕,因為1970年代石油危機的關係,幾乎銷聲匿跡了。現在的客機速度大約0.8馬赫,接下來重視的是如何用更少的燃油,進行經濟性更佳的飛行。

　　想要提升油耗表現,基本來說就要降低空氣阻力、減輕重量、配備效率更好的發動機。油耗表現提升後,不單可以降低每一航次的運費,對提升航程也有貢獻。世界首架噴射客機「彗星」以螺旋槳飛機無法比擬的高速性能而自豪,但是因為油耗表現極差的關係,就算是螺旋槳飛機可以不著陸飛航的路線,彗星還是要中途著陸加油。就算只要中間有機場就可以加油,但是路線必須越

超大型四發機的續航性能

洋，無法經過加油站的話就只能兩手一攤。想要成功地成為一架國際線客機，航程至少必須能橫越大西洋。

舉例來說，紐約到巴黎、倫敦等地的距離將近6000公里，波音首架噴射客機、配備渦輪發動機的707初期型，航程為5600公里。如果剛好搭上強勁順風的話，可以不著陸飛航，但原則上是需要加油的。想要毫不勉強地進行不著陸飛航，要等到油耗性能更好的渦扇發動機登場之後了。換裝渦扇發動機的707-320B的航程提升到9300公里，這樣的航程就能安排從日本經由安克拉治或檀香山橫越太平洋的路線，或是日本到歐洲的航線。同樣把長程國際線作為主要考量的747也將這個數字當作目標，但是一開始的重量超過設定目標，沒有發揮出預期的性能。

當然，作為啟動客戶的泛美航空，還是讓747投入往來各大陸間的路線，但是因為飛航距離和氣象條件，有的時候也不得不減少貨物量。客機如果搭滿乘客、載滿貨物、加滿汽油的話，就會超過最大起飛重量。但是減少燃油又飛不到目的地，不讓乘客搭機的話作為一架客機也就毫無意義。所以只剩下減少貨物一途，但是光這樣就會降低航空公司的收益。

實現太平洋航線直飛
劃時代的747-200B登場

要延長航程，可以藉由提升最大起飛重量，搭載更多燃油，為此就必須強化構造。但這樣機體本身會變重，想要讓變重的機體起飛，又需要更強力的發動機，但為了讓747用的JT9D發動機發揮出預期的推力就已經煞費苦心，沒辦法再增強推力了。有段時期會讓發動機以內部噴水的方式來提升推力，但是為此搭載水的重量，又成了減少貨物搭載量的主因。

JT9D對於普惠公司來說也是首個高旁通比渦扇發動機，比起GE替美國空軍的C-5銀河運輸機所開發的TF39（民用型號為CF6），又被要求更大的推力，沒辦法那麼簡單就實現。747在取得認證後也沒按照設想地順利生產，埃弗里特工廠前面還曾經排滿了沒有發動機的747。等到生產穩定下來，有餘裕去提升推力後，實現747改良型的想法也有了著落。這架改良型暫且稱為747B，但馬上就變更成747-200B正式發布，原本的747稱為747-100。順帶一提，747-200B的「B」是因為保留747B時的名稱，而不是前面還有747-200A的型號。

初期的747因為發動機性能問題，在長程路線中的續航性能稍嫌不足。但之後也持續改良發動機，進化成性能最為優異的長程飛機。

747-8配備的GEnx發動機。最新的超大型機雖然幾乎可以直飛所有航線，但是相較於同樣具有高續航能力的新世代雙發機，效率還是比較差一點。

相較於747-100的最大起飛重量為333.4噸，747-200B增加到351.5噸，並增設了更多的油箱。航程從8560公里提升到12150公里，大約1.4倍。這樣的話不必途經安克拉治，也能從東京直飛美國西岸的舊金山和洛杉磯。接下來登場的就是延長747-200B的上層機艙並增加座位數的747-300。最大起飛重量和汽油容量讓747-300比使用同一個機體的747-200B大約多了10噸，所以航程降低到11720公里，但大部分的路線應該都沒什麼問題。

另外747-100還做了長程型的747SP和短程型的747SR-100等衍生機型。747SP的目標是東京到紐約間的不著陸飛航，因此將機身縮短14.4公尺，降低空氣阻力，航程在當時達到前所未聞的10800公里。另一方面，747SR-100則是為了短程的頻繁運輸而強化了機體構造，直接沿用重量較大的747-200B起落架。這架飛機的最大起飛重量在登記上寫的是240噸，可以搭載的燃油比較少，但油箱本身的設計和747-100一樣，以飛機的性能潛力來說，想成有著同等航程就可以了。

持續提升航程的747-400
幻滅的A380衍生機型

在1988年首飛的747-400，讓747的性能大幅飛躍性提升。747-400延長主翼，在翼端加上小翼，讓主翼與機身的安裝部位以及發動機掛架的外型更加洗鍊流線，降低空氣阻力。不單只是增強了發動機的推力，油耗表現也變得更好，在水平尾翼內還增設了油箱，可以積載更多的燃油，所以航程延長到13492～14205公里，可以從日本直飛歐

代表性的超大型四發機航程比較

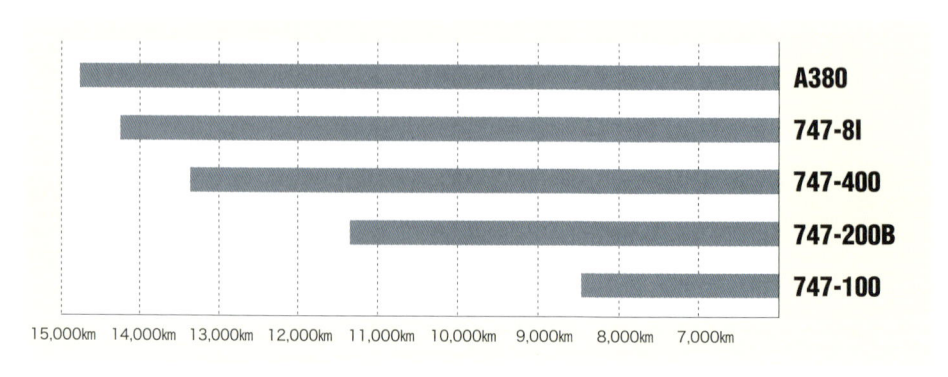

機型	航程
A380	~15,000km
747-8I	
747-400	
747-200B	
747-100	

超大型四發機的續航性能

洲或是美國東岸。

順帶一提，如果是747-200和747-300裝備了高效率的JT9D-7R4G2發動機，雖然也是可以直飛歐洲和美國東岸，但是卻必須採用稱為「重獲航管許可」的飛行方式。客機在出發前除了搭載飛到目的地所需的燃油之外，還規定要為了因應飛行中可能發生的各種狀況，搭載預備燃油。距離越長，預備燃油也要更多，所以一開始會先向最終目的地的前一個機場取得航管許可（ATC Clearance），在抵達之前於飛行中確認剩餘油量，如果足夠的話，就重新跟最終目的地機場取得航管許可，這就是所謂的重獲航管許可。也就是說不是靠提升飛機性能，而是花功夫在手續和方法來延長航程。747-400就不需要採用這種投機取巧的方法了。

最終款的747-8航程為14320公里，雖然比747-400多了一點，但也差不了多少。這是因為747-8的機身較長，變得更重的關係，就算只有跟747-400差不多的航程，也能直飛全世界各大主要都市了，不必勉強提升航程，而面臨大幅改造的風險。

這一點對於競爭對手A380來說也一樣，航程雖然是比747-8更長一點的14800公里，但也沒有差太多。當然還有像從澳洲到歐洲或是美國東岸那種至今尚無法直飛的超長航線，但是也沒那麼多航空公司追求航程要能直飛這些特殊路線。而且還要使用最大的A380，航空公司的需求量更少，難以達到飛機製造商的獲利要求。為了實現更長程飛行性能所花費的時間和成本，會墊高飛機的售價，最後判斷在銷售上不是個好方法。

順帶一提，在A380之後登場的A350

因為客機型號銷售不振而受到關注的747-8（前）。諷刺的是擋在超大型四發機前面的，是波音自己開發的劃時代中型機787等新世代飛機。

超大型四發機的續航性能

A380在開發階段就有計畫推出加長型等衍生機型。貨機型A380F實際上有收到訂單，但最後決定中止開發。

型A380-900的計畫，在發表會上讓維珍航空的創辦人布蘭森曾經說出「現在就想要」的宣言，許多航空公司皆表現出興趣。但是空中巴士認為沒有足夠的市場規模，最後決定不進行開發，替代的是推出在翼端加入新型小翼、改良座艙設計，可容納更多座位的A380 plus。對此，卡達航空的CEO貝克（Akbar Al Baker）在A350的交機儀式記者會上表示：「需要換上油耗表現更好的發動機。」沒有表現出太大的興趣。實際上也沒有航空公司訂購A380 plus。相較於747-400，A380的單位座位飛航成本雖然更低，但是對於777、787、還有A350為主的雙發動機長程飛機，半生不熟的改良無法與其競爭。

有16100公里的航程，可以從亞洲直飛美國東岸。而且A350的機體尺寸還能經營以往A380難以投入的航線，合乎獲利考量，最重要的是在近年來成長顯著的亞洲區，如果有這樣的航程會變得比較有利。

A380只有A380-800一個型號，但空中巴士曾經提出過貨機型A380F與加長

對於追求更高效率的航空公司，空中巴士公司提出改良小翼的A380plus方案，模擬安裝新型小翼的實機也有在航空展上登場，但是沒有航空公司表達興趣，最後沒有實際銷售。

15家公司合計導入251架飛機
空中巴士A380的營運公司清單

空中巴士A380在14年間製造了251架,合計共15家公司導入,
日本ANA也引進了3架,以「飛行海龜」的塗裝活躍中。
但是想要運用「世紀巨型客機」也不是簡單的事情,
所以幾乎都是由大型航空公司導入,
A380或許是考核航空公司實力的客機也說不一定。

大型航空全員到齊的A380營運公司

超大型機衰退的背景

2021年12月交付最後一架飛機後就停產的空中巴士A380，自2007年交付新加坡航空的首架飛機以來，全世界的14家航空公司在14年間共接收251架新機，另有一家航空公司導入其中1架中古機。另一方面，最近許多航空公司相繼讓A380退役，雖然說無法預期地遇到了新冠肺炎疫情這樣的大逆風，但考量到首架飛機都還沒有達到經濟壽命，不可否認地有點短命。

超大型四發機陷入苦戰的背景，雖然是油耗效率更加優異的大型雙發機興起，但是更加根本的原因是航空公司的商業模式產生變化。近年來全世界各地都興建了巨大的樞紐機場，既有的機場也建設新的跑道來推進強化機能。在航空需求暴增但機場設備追不上的時代，迫使機場活用每個起降時段，因此有必要讓一個航班進行大量的運輸。但是隨著機場的基礎建設進展，起降的時段增加，所以航空公司切換戰略，用小型機進行高頻率的飛航，並利用中型機進行長程直航來提升旅客的便利性。結果就導致僅限需求旺盛的主要航線大型航空公司，才有辦法運用超大型機。這就解釋了為什麼A380和波音747-8I銷量不振的原因。

導入公司全都有運用四發機的經驗

要對照過去的運用案例就不難理解導入超大型四發機的難度，購買A380新飛機的14家公司，過去全都有使用超大型四發機747的經驗。在這當中，阿聯酋航空、卡達航空、中國南方航空只有導入貨機型，不過阿聯酋和卡達兩間中東航空公司在A380登場以前，也有導入當時空中巴士最大型的四發機A340-600（客機型）。還有，唯一沒有使用過747經驗卻導入A380中古飛機的包機運輸公司 —— 馬爾他好飛航空（Hi Fly Malta）也有使用A340。也就是說，不存在過去沒有使用過四發機卻購買A380的航空公司。

在日本，ANA下訂單之前，天馬航空先一步訂購A380之後又取消，支付了鉅額的違約金，成為2015年經營失敗的主因之一。以結論來說，至今為止只有飛航過雙發機的天馬航空想導入史上最大的客機，自己也覺得太過勉強吧。

順帶一提，導入競爭對手波音747-8客機型的航空公司，只有漢莎航空、大韓航空、中國國際航空三間，其中兩間同時也是使用A380的航空公司，很難說是偶然。超大型四發機被時代的趨勢拋下雖然是事實，但換個角度來看，有辦法使用A380的航空公司，說是實力出眾的大型公司也不為過。

■過去有導入波音747的A380客戶

ANA	韓亞航空
英國航空	中國南方航空(※)
法國航空	阿聯酋航空(※)
德國漢莎航空	卡達航空
新加坡航空	阿提哈德航空(※)
馬來西亞航空	澳洲航空
泰國國際航空	
大韓航空	※只導入貨機

空中巴士A380的營運公司清單

日本第一家導入A380的航空公司是ANA。專用於成田—檀香山航線的戰略取得奇效，在新冠肺炎疫情爆發前的搭乘率很高，「飛行海龜」全3架飛機都採用特殊塗裝。

〔導入機數〕3架

全部都是特殊塗裝
專用於夏威夷航線
全日空（ANA）

曾是世界上屈指可數的747大客戶 ── 英國航空，導入12架同樣是超大型四發機A380，主要投入往美國的大西洋航線。新冠肺炎疫情後暫時停飛，2022年夏天後成功回歸。

〔導入機數〕12架

超大型四發機經驗豐富
的大型航空公司
英國航空

跟製造A380的空中巴士總部同樣位於法國的大型航空公司法國航空，總共導入10架飛機，有一段時期投入成田航線，因為新冠肺炎疫情的關係，長程國際航線需求遽減，重新編制後全數退役。

〔導入機數〕10架

與空巴總部同國的航空公司
全數退役
法國航空［退役］

129

到A350XWB登場為止，只用四發機作為長程航線用飛機的德國漢莎航空，現在同時使用超大型機A380和747-8I。有段時期公開發表退役方針，但因777X開發延遲等因素，在2023夏天回歸飛航。

［導入機數］14架

堅持四發機為航空公司的旗艦機型
德國漢莎航空

眾所皆知全球最大的A380客戶就是阿聯酋航空，導入機數為123架，大幅超過第二名的新加坡航空將近100架，占了所有A380將近一半的訂單。座艙內部設置淋浴間等豪華設備蔚為話題。

［導入機數］123架

無庸置疑是世界第一的A380營運公司
阿聯酋航空

各家航空公司都在攀比A380的豪華程度，但以世界最豪華座艙成為話題的就是阿提哈德航空的「空中官邸」。以客廳、寢室、盥洗室構成的房間簡直就像是旅館。因為新冠肺炎疫情的關係停飛，於2023年夏天回歸。

［導入機數］10架

客機史上最豪華的座艙
阿提哈德航空

空中巴士A380的營運公司清單

導入A380而有「中東三巨頭」之名的卡達航空。在新冠疫情期間維持飛航路線展現出存在感。有段時間評估A380的狀況後確立了退役方針，但之後撤回，成功回歸飛航。

［導入機數］10架

需求回復後撤回退役方針
現正活躍中
卡達航空

接收首架A380進行商業飛航的新加坡航空，24架是僅次阿聯酋航空最多的公司，設有完全私人空間的頭等艙之類A380才有辦法實現的座艙設備。

［導入機數］24架

值得紀念的世界首架
A380營運公司
新加坡航空

東南亞地區使用A380的航空公司較多，馬來西亞航空也是其中一家。曾經投入過日本航線，但因經營不善加上新冠肺炎疫情的雪上加霜，決定換成效率更高的飛機，A380已於2022年退役

［導入機數］6架

經營重建中變成處理對象
現已全數退役
馬來西亞航空 ［退役］

131

泰國的旗艦航空公司泰國國際航空，和馬來西亞航空一樣持續經營不善，在新冠肺炎疫情當中對於負擔較重的A380擬定了退役方針，但需求回復後也開始討論讓A380回歸的可能性，令人關注。

［導入機數］6架

扭轉退役方針
重新檢討復航的可能性？
泰國國際航空

與漢莎航空一樣少數同時使用A380和747-8I的航空公司就是大韓航空，雖然主要用在美國線等長程航線，但也曾經投入日本線。

［導入機數］10架

同時使用A380和
競爭對手的747-8I
大韓航空

韓亞航空是韓國第二間使用A380的航空公司，曾經投入短程的日本線，2020年被大韓航空併購。韓亞航空經過整合，但是兩家公司的A380今後將如何使用也是關注的焦點。

［導入機數］6架

和大韓航空合併後
令人在意的重新編制
韓亞航空

中國唯一導入A380的就是中國南方航空，座艙採用國際線的三艙等設計，曾在國內線相當活躍，雖然有投入成田航線，但是受到新冠肺炎疫情導致航空需求降低的影響而退役。

［導入機數］5架

世界唯一
活躍於國內線的A380
中國南方航空 [退役]

作為接續747-400／-400ER的機型，主要當成前往美國等長程航線用的飛機而導入A380。因為新冠肺炎疫情，國際線需求大幅降低，有段時期所有飛機都存放在美國，但已陸續恢復飛航。

［導入機數］12架

長程航線的
旗艦機型
澳洲航空

以地中海的小國馬爾他為據點的包機運輸航空公司馬爾他好飛航空。從2018年到2020年使用新加坡航空釋出的A380，也有向其他航空公司濕租飛機，現在是世界唯一使用過中古A380的航空公司。

［導入機數］1機（中古）

第一也是唯一的
中古機使用者
馬爾他好飛航空 [退役]

■各航空公司空中巴士A380全機列表
※只限航空公司營運的飛機（實驗機除外）。包含退役機

製造號碼 (MSN)	航空公司	註冊編號	發動機
152	韓亞航空	HL7625	Trent900
155	韓亞航空	HL7626	Trent900
179	韓亞航空	HL7634	Trent900
183	韓亞航空	HL7635	Trent900
230	韓亞航空	HL7640	Trent900
231	韓亞航空	HL7641	Trent900
033	法國航空	F-HPJA	GP7200
040	法國航空	F-HPJB	GP7200
043	法國航空	F-HPJC	GP7200
049	法國航空	F-HPJD	GP7200
052	法國航空	F-HPJE	GP7200
064	法國航空	F-HPJF	GP7200
067	法國航空	F-HPJG	GP7200
099	法國航空	F-HPJH	GP7200
115	法國航空	F-HPJI	GP7200
117	法國航空	F-HPJJ	GP7200
166	阿提哈德航空公司	A6-APA	GP7200
170	阿提哈德航空公司	A6-APB	GP7200
176	阿提哈德航空公司	A6-APC	GP7200
180	阿提哈德航空公司	A6-APD	GP7200
191	阿提哈德航空公司	A6-APE	GP7200
195	阿提哈德航空公司	A6-APF	GP7200
198	阿提哈德航空公司	A6-APG	GP7200
199	阿提哈德航空公司	A6-APH	GP7200
233	阿提哈德航空公司	A6-API	GP7200
237	阿提哈德航空公司	A6-APJ	GP7200
007	阿聯酋航空	A6-EDF	GP7200
009	阿聯酋航空	A6-EDJ	GP7200
011	阿聯酋航空	A6-EDA	GP7200
013	阿聯酋航空	A6-EDB	GP7200
016	阿聯酋航空	A6-EDC	GP7200
017	阿聯酋航空	A6-EDE	GP7200
020	阿聯酋航空	A6-EDD	GP7200
023	阿聯酋航空	A6-EDG	GP7200
025	阿聯酋航空	A6-EDH	GP7200
028	阿聯酋航空	A6-EDI	GP7200
030	阿聯酋航空	A6-EDK	GP7200
042	阿聯酋航空	A6-EDM	GP7200
046	阿聯酋航空	A6-EDL	GP7200
056	阿聯酋航空	A6-EDN	GP7200
057	阿聯酋航空	A6-EDO	GP7200
077	阿聯酋航空	A6-EDP	GP7200
080	阿聯酋航空	A6-EDQ	GP7200
083	阿聯酋航空	A6-EDR	GP7200
086	阿聯酋航空	A6-EDS	GP7200
090	阿聯酋航空	A6-EDT	GP7200
098	阿聯酋航空	A6-EDU	GP7200
101	阿聯酋航空	A6-EDV	GP7200
103	阿聯酋航空	A6-EDW	GP7200
105	阿聯酋航空	A6-EDX	GP7200
106	阿聯酋航空	A6-EDY	GP7200
107	阿聯酋航空	A6-EDZ	GP7200
108	阿聯酋航空	A6-EEA	GP7200
109	阿聯酋航空	A6-EEB	GP7200
110	阿聯酋航空	A6-EEC	GP7200
111	阿聯酋航空	A6-EED	GP7200
112	阿聯酋航空	A6-EEE	GP7200
113	阿聯酋航空	A6-EEF	GP7200
116	阿聯酋航空	A6-EEG	GP7200
119	阿聯酋航空	A6-EEH	GP7200
123	阿聯酋航空	A6-EEI	GP7200
127	阿聯酋航空	A6-EEJ	GP7200
132	阿聯酋航空	A6-EEK	GP7200

製造號碼 (MSN)	航空公司	註冊編號	發動機
133	阿聯酋航空	A6-EEL	GP7200
134	阿聯酋航空	A6-EEM	GP7200
135	阿聯酋航空	A6-EEN	GP7200
136	阿聯酋航空	A6-EEO	GP7200
138	阿聯酋航空	A6-EEP	GP7200
139	阿聯酋航空	A6-EER	GP7200
140	阿聯酋航空	A6-EES	GP7200
141	阿聯酋航空	A6-EEQ	GP7200
142	阿聯酋航空	A6-EET	GP7200
147	阿聯酋航空	A6-EEU	GP7200
150	阿聯酋航空	A6-EEV	GP7200
153	阿聯酋航空	A6-EEW	GP7200
154	阿聯酋航空	A6-EEX	GP7200
157	阿聯酋航空	A6-EEY	GP7200
158	阿聯酋航空	A6-EEZ	GP7200
159	阿聯酋航空	A6-EOA	GP7200
162	阿聯酋航空	A6-EVB	Trent900
164	阿聯酋航空	A6-EOB	GP7200
165	阿聯酋航空	A6-EOC	GP7200
167	阿聯酋航空	A6-EVA	Trent900
168	阿聯酋航空	A6-EOD	GP7200
169	阿聯酋航空	A6-EOE	GP7200
171	阿聯酋航空	A6-EOF	GP7200
172	阿聯酋航空	A6-EOG	GP7200
174	阿聯酋航空	A6-EOH	GP7200
178	阿聯酋航空	A6-EOI	GP7200
182	阿聯酋航空	A6-EOJ	GP7200
184	阿聯酋航空	A6-EOK	GP7200
186	阿聯酋航空	A6-EOL	GP7200
187	阿聯酋航空	A6-EOM	GP7200
188	阿聯酋航空	A6-EON	GP7200
190	阿聯酋航空	A6-EOO	GP7200
200	阿聯酋航空	A6-EOP	GP7200
201	阿聯酋航空	A6-EOQ	GP7200
202	阿聯酋航空	A6-EOR	GP7200
203	阿聯酋航空	A6-EOS	GP7200
204	阿聯酋航空	A6-EOT	GP7200
205	阿聯酋航空	A6-EOU	GP7200
206	阿聯酋航空	A6-EOV	GP7200
207	阿聯酋航空	A6-EOW	GP7200
208	阿聯酋航空	A6-EOX	GP7200
209	阿聯酋航空	A6-EOY	GP7200
210	阿聯酋航空	A6-EOZ	GP7200
211	阿聯酋航空	A6-EUA	GP7200
213	阿聯酋航空	A6-EUB	GP7200
214	阿聯酋航空	A6-EUC	GP7200
216	阿聯酋航空	A6-EUD	GP7200
217	阿聯酋航空	A6-EUE	GP7200
218	阿聯酋航空	A6-EUF	GP7200
219	阿聯酋航空	A6-EUG	GP7200
220	阿聯酋航空	A6-EUH	GP7200
221	阿聯酋航空	A6-EUI	GP7200
222	阿聯酋航空	A6-EUJ	GP7200
223	阿聯酋航空	A6-EUK	GP7200
224	阿聯酋航空	A6-EUL	GP7200
225	阿聯酋航空	A6-EUM	Trent900
226	阿聯酋航空	A6-EUN	Trent900
227	阿聯酋航空	A6-EUO	Trent900
228	阿聯酋航空	A6-EUP	Trent900
229	阿聯酋航空	A6-EUQ	Trent900
232	阿聯酋航空	A6-EUR	Trent900
234	阿聯酋航空	A6-EUS	Trent900
236	阿聯酋航空	A6-EUT	Trent900

空中巴士A380的營運公司清單

製造號碼(MSN)	航空公司	註冊編號	發動機
238	阿聯酋航空	A6-EUU	Trent900
239	阿聯酋航空	A6-EUV	Trent900
240	阿聯酋航空	A6-EUW	Trent900
241	阿聯酋航空	A6-EUX	Trent900
242	阿聯酋航空	A6-EUY	Trent900
244	阿聯酋航空	A6-EUZ	Trent900
248	阿聯酋航空	A6-EVC	Trent900
249	阿聯酋航空	A6-EVD	Trent900
250	阿聯酋航空	A6-EVE	Trent900
252	阿聯酋航空	A6-EVF	Trent900
256	阿聯酋航空	A6-EVG	Trent900
257	阿聯酋航空	A6-EVH	Trent900
258	阿聯酋航空	A6-EVI	Trent900
259	阿聯酋航空	A6-EVJ	Trent900
260	阿聯酋航空	A6-EVK	Trent900
261	阿聯酋航空	A6-EVL	Trent900
264	阿聯酋航空	A6-EVM	Trent900
267	阿聯酋航空	A6-EVN	Trent900
268	阿聯酋航空	A6-EVO	Trent900
269	阿聯酋航空	A6-EVP	Trent900
270	阿聯酋航空	A6-EVQ	Trent900
271	阿聯酋航空	A6-EVR	Trent900
272	阿聯酋航空	A6-EVS	Trent900
137	卡達航空	A7-APA	GP7200
143	卡達航空	A7-APB	GP7200
145	卡達航空	A7-APC	GP7200
160	卡達航空	A7-APD	GP7200
181	卡達航空	A7-APE	GP7200
189	卡達航空	A7-APF	GP7200
193	卡達航空	A7-APG	GP7200
197	卡達航空	A7-APH	GP7200
235	卡達航空	A7-API	GP7200
254	卡達航空	A7-APJ	GP7200
014	澳洲航空	VH-OQA	Trent900
015	澳洲航空	VH-OQB	Trent900
022	澳洲航空	VH-OQC	Trent900
026	澳洲航空	VH-OQD	Trent900
027	澳洲航空	VH-OQE	Trent900
029	澳洲航空	VH-OQF	Trent900
047	澳洲航空	VH-OQG	Trent900
050	澳洲航空	VH-OQH	Trent900
055	澳洲航空	VH-OQI	Trent900
062	澳洲航空	VH-OQJ	Trent900
063	澳洲航空	VH-OQK	Trent900
074	澳洲航空	VH-OQL	Trent900
003	新加坡航空	9V-SKA	Trent900
005	新加坡航空	9V-SKB	Trent900
008	新加坡航空	9V-SKD	Trent900
010	新加坡航空	9V-SKE	Trent900
012	新加坡航空	9V-SKF	Trent900
019	新加坡航空	9V-SKG	Trent900
021	新加坡航空	9V-SKH	Trent900
034	新加坡航空	9V-SKI	Trent900
045	新加坡航空	9V-SKJ	Trent900
051	新加坡航空	9V-SKK	Trent900
058	新加坡航空	9V-SKL	Trent900
065	新加坡航空	9V-SKM	Trent900
071	新加坡航空	9V-SKN	Trent900
076	新加坡航空	9V-SKP	Trent900
079	新加坡航空	9V-SKQ	Trent900
082	新加坡航空	9V-SKR	Trent900
085	新加坡航空	9V-SKS	Trent900
092	新加坡航空	9V-SKT	Trent900

製造號碼(MSN)	航空公司	註冊編號	發動機
243	新加坡航空	9V-SKU	Trent900
247	新加坡航空	9V-SKV	Trent900
251	新加坡航空	9V-SKW	Trent900
253	新加坡航空	9V-SKY	Trent900
255	新加坡航空	9V-SKZ	Trent900
087	泰國國際航空	HS-TUA	Trent900
093	泰國國際航空	HS-TUB	Trent900
100	泰國國際航空	HS-TUC	Trent900
122	泰國國際航空	HS-TUD	Trent900
125	泰國國際航空	HS-TUE	Trent900
131	泰國國際航空	HS-TUF	Trent900
006	馬爾他好飛航空(原屬新加坡航空)	9H-MIP (ex.9V-SKC)	Trent900
095	英國航空	G-XLEA	Trent900
121	英國航空	G-XLEB	Trent900
124	英國航空	G-XLEC	Trent900
144	英國航空	G-XLED	Trent900
148	英國航空	G-XLEE	Trent900
151	英國航空	G-XLEF	Trent900
161	英國航空	G-XLEG	Trent900
163	英國航空	G-XLEH	Trent900
173	英國航空	G-XLEI	Trent900
192	英國航空	G-XLEJ	Trent900
194	英國航空	G-XLEK	Trent900
215	英國航空	G-XLEL	Trent900
078	馬來西亞航空	9M-MNA	Trent900
081	馬來西亞航空	9M-MNB	Trent900
084	馬來西亞航空	9M-MNC	Trent900
089	馬來西亞航空	9M-MND	Trent900
094	馬來西亞航空	9M-MNE	Trent900
114	馬來西亞航空	9M-MNF	Trent900
038	德國漢莎航空	D-AIMA	Trent900
041	德國漢莎航空	D-AIMB	Trent900
044	德國漢莎航空	D-AIMC	Trent900
048	德國漢莎航空	D-AIMD	Trent900
061	德國漢莎航空	D-AIME	Trent900
066	德國漢莎航空	D-AIMF	Trent900
069	德國漢莎航空	D-AIMG	Trent900
070	德國漢莎航空	D-AIMH	Trent900
072	德國漢莎航空	D-AIMI	Trent900
073	德國漢莎航空	D-AIMJ	Trent900
146	德國漢莎航空	D-AIMK	Trent900
149	德國漢莎航空	D-AIML	Trent900
175	德國漢莎航空	D-AIMM	Trent900
177	德國漢莎航空	D-AIMN	Trent900
262	全日空	JA381A	Trent900
263	全日空	JA382A	Trent900
266	全日空	JA383A	Trent900
035	大韓航空	HL7611	GP7200
039	大韓航空	HL7612	GP7200
059	大韓航空	HL7613	GP7200
068	大韓航空	HL7614	GP7200
075	大韓航空	HL7615	GP7200
096	大韓航空	HL7619	GP7200
126	大韓航空	HL7621	GP7200
128	大韓航空	HL7622	GP7200
130	大韓航空	HL7627	GP7200
156	大韓航空	HL7628	GP7200
031	中國南方航空	B-6136	Trent900
036	中國南方航空	B-6137	Trent900
054	中國南方航空	B-6138	Trent900
088	中國南方航空	B-6139	Trent900
120	中國南方航空	B-6140	Trent900

攝影過的機體數高達**1400**架以上！

某日本飛機攝手的
鐵鳥狩獵記

照片 松廣 清　採訪 IKAROS編輯部

1969年首飛，超過半個世紀總共製造1574架的波音747，
暱稱為「巨無霸客機」，在歷代的客機當中，
說是首屈一指的熱門機型也不為過。
但是在1574架747當中，竟然有一位日本攝手拍了超過1400架以上不同的飛機照片。
這位松廣清先生身為「鐵鳥獵人」，一直透過觀景窗不斷眺望著747。
本章就請他搭配至今為止拍攝的照片，一邊聊聊747的魅力和回憶。

最初的目標是協和號客機
一頭栽入客機攝影的世界

波音747巨無霸噴射飛機一直以來都是被專家或業餘攝影師，當作被攝體不斷進行拍攝的熱門機型。在這些747當中，住在東京的松廣清先生到2022年底為止，有著拍攝1438架飛機的傲人成績。松廣先生購入單眼相機正式踏入攝影世界至今已將近50年，但是高中一年級當時選擇的被攝體不是飛機而是鐵道。尤其是日本國鐵當時即將退役的蒸汽火車才是主要目標。

到了日本國鐵蒸汽火車退役後的大學時代，之後又進入職場擔任大型產險公司的員工，松廣先生的鐵道攝影興趣主要被攝體換成了電車，但是在1989年去英國留學一年成為一個轉機。松廣先生在留學時開始賣力地拍攝當地動態保存的蒸汽火車，有一天突然想到：「這麼說起來，英國有協和號客機耶！」就單手拿著相機前往機場了。

直到目前為止，唯一實際進行過商業飛航的超音速噴射客機協和號，和747一樣在1969年首飛。對比747是當時世界最大的客機，協和號則是世界最快的客機，即將開拓出航空運輸新時代，還有進一步技術發展的可能性，是令人感到憧憬的存在。但遺憾的是有在使用的只有英國航空和法國航空兩家航空公司，飛航路線也以大西洋線為中心，是在日本難以看到的機型。

「難得到英國了，至少去拍張協和號客機的照片吧。」

腦海中抱持著這個想法，於1990年4月13日前往倫敦希斯洛機場，就是成為

人物簡介

松廣 清先生
1959年6月出生
東京都出身

從高中時代就開始拍攝鐵道照片，大學畢業後進入大型產險公司上班，閒暇之餘持續拍攝航空和鐵道照片。
和航空、鐵道攝影師伊藤久巳，是高中在鐵道拍攝現場認識至今的友人。

松廣先生未來拍下超過1400架747、開啟「鐵鳥狩獵生活」的契機。

明明是隨興前往機場拍照卻清楚地知道日期，全因松廣先生是個紀錄魔人。開始拍攝飛機的日子以後，都會將拍攝機體的註冊編號和產線編號（L/N）表格化，松廣先生從拍攝鐵道照片時就有將火車號碼記錄成冊的習慣，記下飛機的註冊編號也算是一種習性。

容易聚集巨型機的
希斯洛機場和成田機場

如上文所述，第一天攝影的目標是協和號客機，但是到了機場一定也會拍其他飛機。當時雖然完全沒有留意到，但這些飛機當中就包含了「首架拍攝的747」。註冊編號為「N902PA」（L/N72），是世界首屈一指使用747的泛美航空的747-100。同一天也拍下了英國航空的「G-BNLH」（L/N779），這一架則是「首架拍攝的747-400」。

之後，1990年6月9日很快就達到第

在無數的巨無霸衍生機型當中，松廣先生最喜歡的是機身縮短型的747SP，受到胖嘟嘟的獨特外型加上大角度的起飛姿勢所吸引。

100架（南非航空／ZS-SAT [L/N577]／希斯洛機場）。1993年3月20日拍到第500架（大韓航空／HL7470 [L/N713]／成田機場），1998年10月4日第1000架（英國航空／G-CIVS [L/N1148]／希斯洛機場），持續不斷地累積收藏，第1400架是在2019年1月28日於羽田機場拍攝的卡達皇室專機（政府機）。相較於不到10年就拍到1000架，後面的400架卻耗時20年以上，就能知道還沒拍到的飛機越來越少，「鐵鳥狩獵」也越來越困難。

松廣先生有許多攝影地點選在倫敦希斯洛機場，是因為除了留學以外，從1994年開始也有派駐倫敦4年的經歷。松廣先生有辦法拍到1400架以上的747，其中一個理由是與倫敦的緣分匪淺，再來就是身為日本人的緣故。也就是說，過去的希斯洛機場和成田機場都是世界首屈一指的「747集散地」。

現在因為新興國家發展，世界各地陸續建設樞紐機場，到20世紀末為止，日本和英國是地區代表性的先進國家，航空需求集中。另一方面以國家玄關等級的國際機場來說，起降能力就算要奉承，也很難用很好來形容（希斯洛機場的跑道只有2條，成田當時只有1條），起飛降落的時段通常很緊迫。結果為了要在少量的時段運輸大量的旅客，這兩個機場就從世界各地聚集了747。而且跑道少的機場更容易拍攝想要拍的飛機，身為日本人又長期住在英國的松廣先生，才有辦法有效率地在成田機場和希斯洛機場狩獵747。

順帶一提，從1990年4月13日第一次造訪希斯洛機場以來，到2022年底為止，飛機攝影天數累計1591日，這當中

1974年1月15日，從父親的外派地點倫敦回國時所搭乘的泛美航空飛機，是與747的第一次相遇。這架飛機（N753PA）後來成為長榮航空的貨機（N473EV）活躍著，1994年2月17日在成田透過相機的觀景窗重逢。

充滿回憶的泛美航空包包，現在已經是相當貴重的物品。

成田機場占了823次、羽田機場325次、希斯洛機場221次，各拍了651架、97架、279架747。這三個機場的「捕獲量」占了全部飛機攝影的71%，成田和希斯洛機場的效率特別好。

還有，派駐在英國的時候，也頻繁地造訪歐洲大陸、北美、南非、香港等主要機場進行拍攝，增加了攝影飛機的數量。松廣先生至今為止有在全世界35個機場拍攝747的經驗，這也是住在可以方便飛往世界各地的倫敦，才有的額外好處吧。

另外，在希斯洛機場拍攝客機的松廣先生，也在同為1990年的時候於日本成田「出道」，在成田機場拍的首架巨無霸客機是埃及航空的747-300（SU-GAM）。

過去747在成田機場在滑行道一字排開的光景並不稀有的「巨無霸客機王國」。松廣先生也在成田拍攝651架747照片。

搭起來拍起來都有魅力
最喜歡的是那架「異端份子」

松廣先生會被巨無霸客機所吸引最根本的理由，是兼具載具魅力和被攝體的帥氣。

其實松廣先生住在英國的經驗總計有3次，少年時期因為父親工作的關係搬

安哥拉航空的747-300。為了想拍這架飛機，特地前往南非的約翰尼斯堡機場。

松廣先生拍攝的地方不單只在機場，有的時候也會去美國空軍基地附近。這一架是用747改造的E4B，是一架在空中具備作戰指揮機能的特殊飛機，在橫田基地拍攝。

背對富士山飛行的美國空軍VC-25A「空軍一號」，這時搭乘的人是川普總統。

這一架也是空軍一號……但其實是為了拍攝電影《空軍一號》時重新塗裝的卡利塔航空的飛機（N703CK），前身為JAL的飛機。

到倫敦是第一次。一家跟著父親在1971年上任時，沒有搭乘歐洲直航班機，而是搭乘從羽田機場經由莫斯科轉機至希斯洛機場的JAL・道格拉斯DC-8，這是他的飛機初體驗。然後在1974年經由南迴路線搭機回國時，才是他與747的第一次接觸。這個不是巧合，而是本來就喜歡飛機的父親刻意選擇當初赴任時沒有搭到的新銳巨無霸客機，所以松廣先生對於飛機的愛好，也許是一脈相承而來也說不定。還有當時的航空公司說巧不巧，也和「第一架拍攝的747」一樣同為泛美航空。松廣先生的人生和倫敦、泛美航空好像特別有緣。

1970年代，長程國際線的主角已經轉為噴射客機，但不管是波音707還是以道格拉斯DC-8為首的客機，都還是窄體飛機。以巨無霸客機之名廣為世人所知的747是全世界第一架廣體客機，巨大身軀和寬廣的座艙當然在還是少年的松廣先生心中，留下了強烈的印象。

747作為被攝體也是非常特別的客機，一部分為雙層結構的機身同時具備流線外型，散發出其他機型沒有的獨特存在感。在這當中，松廣先生舉出最大的魅力，就是透過相機觀景窗眺望到的帥氣起飛姿勢。另外，在多數747衍生機型之中，他特別喜歡稱為「異端份子」的機身縮短型747SP。松廣先生如此評價：「我最喜歡那胖嘟嘟的敦厚老實外型，而且機鼻在起飛時抬起的姿勢最棒了。」只有製造45架的747SP，也已經拍了42架。

747對於有收藏癖的人來說，也是非常符合松廣先生喜好的機型。

「對我而言，進行鐵道攝影和拍攝火車等載具的照片時，最喜歡一個一個拍下機型的所有編號。有許多車迷的D51蒸汽火車的製造數為1115架，巨無霸客機也超過了1000架，我覺得這樣才有狩獵每一架的價值吧。」

某日本飛機攝手的鐵鳥狩獵記

■第1架747
1990年4月13日，松廣先生在倫敦希斯洛機場拍下的第一架巨無霸客機，為泛美航空的N902PA，型號為初期型的747-100。

■第1架747-400
同一天拍下的英國航空G-BNLH是「第一架747-400」，英國航空也是全球最大的747-400運航公司，所以希斯洛機場是最適合「狩獵巨無霸客機」的機場。

■第100架
距離拍下最初的巨無霸客機不到兩個月的1990年6月9日，迅速地就達到第100架的大目標。這一架的拍攝地也是在希斯洛機場，機身是南非航空的ZS-SAT（747-300）。

■第500架
在成田機場達到第500架，拍攝日是1993年3月20日，機身是大韓航空的HL7470（747-300）。

■第1000架
1998年10月4日終於達到第1000架，這一架的機場也是在希斯洛，機身是英國航空的G-CIVS（747-400）。

■第1400架
第1400架是在2019年1月28日於羽田機場拍下的卡達皇室專機（政府機）A7-HHE（747-8I）。

■第1438架（2022年底時的最新紀錄）
2022年12月31日在成田機場拍攝到UPS的N607UP（747-8F）。這架飛機是第1438架獵物。

話雖如此，對於看似沒有終點的拍攝活動會不會感到疲累呢？

松廣先生說：「我反而是在工作最繁重的時候，投身在興趣之中（因為一直外派）。以結果來說，最後也在家庭和工作中也取得了平衡。而且拍到沒拍過的飛機時，有特別不一樣的成就感，飛

141

啟德機場時代在香港市區上空盤旋的香港航空747，也就是所謂的「香港急迴旋」。
松廣先生為了拍攝747，踏足世界35個機場。

看到停產的報導
「這樣分母就定下來了」

如此吸引松廣先生的747，在2020年7月，波音公司宣布了停產消息。2022年12月6日，最後一架交付亞特拉斯航空的747-8F完成後，長達半世紀以上的製造時間畫下了休止符（2023年1月31日交機）。

詢問松廣先生對於這件航空歷史的大事有什麼看法時，他回答：「當然會感到寂寞，這也是時代的潮流吧。但是最初浮出腦海的想法是『這樣分母就定下來了。』」

機數量龐大又更加困難的，反而會讓我愈來愈有幹勁。」

原來如此，的確是收藏家才會有的感想。松廣先生是在1990年開始拍攝747，說到頭來本身就不可能達到「完全制霸」，因為當時已經有因為事故、退役、解體而不存在的飛機，儘管如此還是想要收集到所有能拍的飛機可以說是收藏家的個性使然。而且盡可能會想要有個「終點」。由於最後一架飛機完成的關係，就能夠明確地設定「還剩下多少架」的目標。「因為分母已經決定好了，剩下的分子就靠自己努力了！」松廣先生對於停產的消息抱持著正面的想法。

順帶一提，直到2022年底還沒拍到的飛機有136架，這當中因為解體等消失的飛機有73架，再去掉除籍後保存在博

某日本飛機攝手的鐵鳥狩獵記

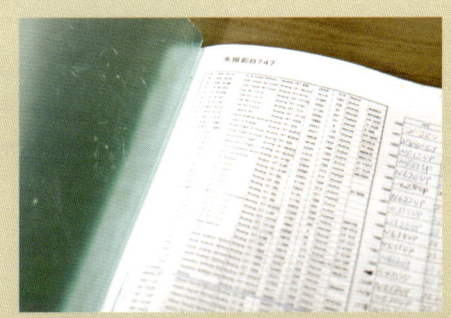

拍攝資料用表格軟體歸檔管理，還印出來分類，可以閱讀紙本太完美了！

在成田機場附近訪談中，滑行道上出現747的身影時，松廣先生幾乎是反射性地拿起相機將鏡頭對準飛機。

物館的6架飛機，可以拍攝但還沒拍到的飛機剩下57架。雖然會讓人覺得「只有57架的話，那就只剩一點了」，這樣想就太天真了。有很難掌握行蹤的中東王室專機，還有雖然沒有除籍但已經存放在沙漠中的飛機等等，拍攝門檻高的飛機還真不少。另外，就算是民間航空公司有在使用，但也有從沒投入過日本線的飛機。但這一陣子UPS的747-8F頻繁飛來成田機場的關係，還沒拍攝的飛機就一下子減少了。

接下來就等最後沒辦法交機給俄羅斯的航空公司，由747-8I改裝成的嶄新空中一號（美國行政專機）登場。雖然說只剩下57架，但松廣先生應該還是會持續前往機場吧。

■ 松廣先生尚未拍攝到的飛機
（到2022年底為止，除去已經解除登記的飛機）

截至2022年底，松廣先生尚未拍攝的747有57架，不包括因拆解而消失的飛機。其中一些雖未註銷登記，但實際上是在沙漠中當成零件機，沒有飛行機體可供拍攝，而政府機不方便拍攝，前路看來險阻難行。

註冊編號	產線編號	隸屬	型號
EP-CQB	19667	伊朗空軍	Boeing 747-131(SF)
5-8108	19669	伊朗空軍	Boeing 747-131(SF)
EP-NHT	19678	伊朗空軍	Boeing 747-131(SF)
EP-CQB	20080	伊朗空軍	Boeing 747-131(SF)
5-8105	20081	伊朗空軍	Boeing 747-131(SF)
5-8107	20082	伊朗空軍	Boeing 747-131F
5U-ACE	20527	Logistic Air	Boeing 747-230B
5-8106	21180	伊朗空軍	Boeing 747-270C
YI-AGO	21181	伊拉克航空	Boeing 747-270C
XT-DMK	21316	Kallat El Saker Air	Boeing 747-212B
EP-SIH	21486	薩哈航空	Boeing 747-2J9F
EP-CQA	21507	伊朗空軍	Boeing 747-2J9F
4X-ICM	21965	以色列國際貨運航空	Boeing 747-271C
HZ-AIA	22498	沙烏地阿拉伯航空	Boeing 747-168B
HZ-AID	22501	沙烏地阿拉伯航空	Boeing 747-168B
HZ-AIE	22502	沙烏地阿拉伯航空	Boeing 747-168B
HZ-AIG	22747	沙烏地阿拉伯航空	Boeing 747-168B
B-2462	24960	友和道通航空	Boeing 747-2J6F
TF-AMB	28263	薩哈航空	Boeing 747-412F
4X-ELD	29328	以色列航空	Boeing 747-458
TF-AAH	29901	亞特蘭大冰島航空	Boeing 747-4H6
A4O-OMN	32445	阿曼皇家航空	Boeing 747-430
B-2473	32803	順豐航空	Boeing 747-41BF
B-2461	32804	中國南方航空	Boeing 747-41BF
9H-AZA	32871	沙烏地阿拉伯航空	Boeing 747-428
OO-ACF	35169	挑戰航空	Boeing 747-4EVERF
4X-ICA	35172	以色列國際貨運航空	Boeing 747-4EVERF
A7-HBJ	37075	卡達皇家專機	Boeing 747-8KB(BBJ)
LX-ECV	37303	盧森堡國際貨運航空	Boeing 747-4HQERF
CN-MBH	37500	摩洛哥政府	Boeing 747-8Z5(BBJ)
A7-HHF	37501	卡達皇家專機	Boeing 747-8Z5(BBJ)
OE-LFC	37562	比利時政府	Boeing 747-87UF
OE-LFD	37563	宏遠集團	Boeing 747-87UF
N850GT	37570	亞特拉斯航空	Boeing 747-87UF
SU-EGY	37826	埃及政府	Boeing 747-830
9K-GAA	38636	科威特政府	Boeing 747-8JK(BBJ)
A4O-HMS	39749	阿曼皇家航空	Boeing 747-8H0(BBJ)
N458BJ	40065	波音	Boeing 747-8JA(BBJ)
V8-BKH	41060	汶萊政府	Boeing 747-8LQ(BBJ)
B-2485	41191	中國國際航空	Boeing 747-89L
B-2486	41192	中國國際航空	Boeing 747-89L
B-2479	41193	中國國際航空	Boeing 747-89L
N894BA	42416	美國空軍	Boeing 747-85M
N895BA	42417	美國空軍	Boeing 747-85M
B-2487	44932	中國國際航空	Boeing 747-89L
B-2482	44933	中國國際航空	Boeing 747-89L
N859GT	62441	亞特拉斯航空	Boeing 747-867F
N610UP	64256	UPS	Boeing 747-8F
N613UP	64259	UPS	Boeing 747-8F
N614UP	64260	UPS	Boeing 747-8F
N632UP	65775	UPS	Boeing 747-8F
N631UP	65776	UPS	Boeing 747-8F
N629UP	65778	UPS	Boeing 747-8F
N621UP	65785	UPS	Boeing 747-8F
N861GT	67148	亞特拉斯航空	Boeing 747-8F
N862GT	67149	亞特拉斯航空	Boeing 747-8F
N863GT	67150	亞特拉斯航空	Boeing 747-8F

【世界飛機系列11】

波音747 VS 空中巴士A380
巨型機時代的榮光與終結

作者／イカロス出版

翻譯／倪世峰

特約主編／王原賢

編輯／林庭安

發行人／周元白

出版者／人人出版股份有限公司

地址／231028新北市新店區寶橋路235巷6弄6號7樓

電話／(02)2918-3366 (代表號)

傳真／(02)2914-0000

網址／www.jjp.com.tw

郵政劃撥帳號／16402311人人出版股份有限公司

製版印刷／長城製版印刷股份有限公司

電話／(02)2918-3366(代表號)

香港經銷商／一代匯集

電話／（852）2783-8102

第一版第一刷／2024年9月

第一版第三刷／2025年10月

定價／新台幣500元

國家圖書館出版品預行編目資料

波音747VS空中巴士A380：巨型機時代的榮光與
終結／イカロス出版作；
倪世峰翻譯. -- 第一版. -- 新北市：
人人出版股份有限公司，2024.09
面；　公分．－（世界飛機系列）
ISBN 978-986-461-397-7（平裝）

1.CST：民航機

447.73　　　　　　　　　　　　113009304

CHOOGATA YOMPATSUKI BOEING747 VS AIRBUS A380
RIVAL TAIKETSU
KAKURYOKYAKUKI RETSUDEN 1
© Ikaros Publications, LTD. 2023
Originally published in Japan in 2023 by Ikaros
Publications, LTD., TOKYO.
Traditional Chinese Characters translation rights
arranged with Ikaros Publications, LTD., TOKYO, through
TOHAN CORPORATION, TOKYO and KEIO CULTURAL
ENTERPRISE CO., LTD., NEW TAIPEI CITY.

●著作權所有　翻印必究●